拆掉思维里的篱笆

谢　普◎编著

中国出版集团　现代出版社

图书在版编目（CIP）数据

拆掉思维里的篱笆 / 谢普编著 . -- 北京 : 现代出
版社，2019.1
ISBN 978-7-5143-6742-3

Ⅰ . ①拆… Ⅱ . ①谢… Ⅲ . ①思维方法－通俗读物
Ⅳ . ① B804-49

中国版本图书馆 CIP 数据核字（2018）第 000547 号

拆掉思维里的篱笆

作　　者	谢　普	
责任编辑	杨学庆	
出版发行	现代出版社	
通讯地址	北京市安定门外安华里 504 号	
邮政编码	100011	
电　　话	010-64267325　64245264（传真）	
网　　址	www.1980xd.com	
电子邮箱	xiandai@vip.sina.com	
印　　刷	三河市燕春印务有限公司	
开　　本	880mm×1230mm　1/32	
印　　张	7	
版　　次	2019 年 1 月第 1 版　2019 年 1 月第 1 次印刷	
书　　号	ISBN 978-7-5143-6742-3	
定　　价	39.80 元	

Contents 目 录

1

Chapter 1

别让思维左右你的头脑

你活在自己设定的剧本里吗

我们说，自省的至高境界是自我否定。当然，否定并不是一个贬义词。做一个经常否定自己的人，就是多问自己几个问题，给自己创造一些压力和挑战。人，时常需要自我提醒、自我怀疑、自我否定一下，因为生活具有迷惑性，这时候就需要停下来进行自我质疑或者向他人请教。可以说，不敢自我否定的人，迟早会被别人否定。因为，人最大的敌人就是自己。一个人倘若不能坦荡胸襟，大胆地解剖自己、怀疑自己、否定自己，就不可能在一个个未知中学会超越自己、发展自己。鲁迅曾说过："我的确时时解剖别人，然而更多的是更无情地解剖我自己。"

纵观名人，马克思本想成为一名诗人，安徒生想成为一名演员，鲁迅曾经去日本学医，高斯曾想当作家……但他们都经历了自我质疑的阶段，最终放弃了自己的初衷，进行了自我否定，及时调整了自己的方向，最终成就了自己。当然，自我否定并不是简单的"否定自我"，而是为了优化和建设而怀疑，为了肯定而否定。这种"否定"应该建立在自我修养与学识提高的基础上，不破不立，只有敢于怀疑自己、否定自己，才能有新的突破与新的作为。

像很多导演经常说的那样——"我最好的作品是下一部"，我们也应如此。没有质疑自己、否定自己的勇气，就是缺乏前进的勇气，就会故步自封。据说齐白石70多岁时曾对客人言道："我才知道，自己不会画画。"这绝不是一句简单的自谦，更不是妄自菲薄，而是一位臻于化境的大师"衰年变法"后的自我反思和升华，从而到达一种新的艺术境界的感悟。

否定自己的前提是认识自己。虽说自我质疑、自我否定的过程是痛苦的，但目的是要解决好自我发展的问题。在人的一生中，我们时常需要自我怀疑、自我否定，但又不可否定过头，从而使自己失去面对困难的信心和勇气。

我们处在一个变化速度极快的时代，可以说，这个世界上唯一不变的就是变化。我们稍有迟疑，就会失之千里。故步自封，拒绝批评，忸忸怩怩，失去的就不止千里了。我们到底应该为面子而走向失败、走向死亡，还是丢掉面子，丢掉错误，迎头赶上呢？要活下去，就只有超越；要超越，首先必须超越自我，超越的必要条件是及时去除一切错误。去除一切错误，首先就要敢于进行自我批判与自我否定。

他出生在美国圣地亚哥的一个贫民家庭，父母没有固定工作，长期生活在饥寒交迫之中。

连高中学业都没有完成，迫于生计，他辍学了。辍学后，他找到的第一份工作是到一家小餐馆洗盘子，每天下午4点上班，常常工作到翌日凌晨。这样的生活让他疲惫不堪且极为厌烦。丢掉洗盘子的工作后，他又到一家停车场去洗车，没多久，又换到一家洗洁管理公司工作，常常洗地板到深夜。如此不间断地更换工作，让他总忍不住地想："可能我一辈子只会洗东西吧？"

工作期间，他开始尝试改变自己的生活——每天辛勤的体力劳动之后，他都会用5个小时的时间来进行学习。当时，很多同伴都不能理解——为什么一个做体力劳动的人每天还要这样拼命读书？

20岁那年，他开始到处旅行，曾经和两位好友用300美元，横穿了美洲、欧洲、亚洲和非洲。靠汽车和步行，行程1.7万英里。在非洲，撒哈拉沙漠让他吃尽了苦头。就是在那个时候，他开始意识到——每个人都必须横穿自己的撒哈拉沙漠。

30岁那年的一个晚上，他怎么也无法入睡，他质问自己："为什么我这么努力，却还是住在便宜的公寓中，不能开名车、住豪宅？"这时，他忽然意识到，成功或许没有捷径，但是如果有的话，那一定是一些规律。

从那个夜晚他开始认真思考成功的方法。通过观察同一家公司的顶尖业务高手，他开始学习他们如何拜访客户以及如何进行时间管理。之后，他开始对自己进行有序的调整，并制定了一系列新的工作规划。不久，他的业务水平开始迅速提升，很快赚到了数倍于以前的收入。这样的生活，过了将近10年，他也渐渐从一个名不见经传的小业务员成长为一名业绩出色的业务员。他的业务越做越大，赚取了巨额的财富。

在他的人生事业一片光明的时候，他又开始不断质问自己——这就是我想要的生活吗？而后，他突然放弃了这项事业，转去做演说家和作家了。凭着自己的执着与智慧以及对成功的特殊理解和对成功规律的准确把握，很快，他就成长为在国际上光芒四射的演说家和潜能激励大师。他开始不断出版专著，四处演说。

20多年来，他足迹遍布90多个国家，曾经在40多个国家举行了关于成功的演讲，每年有40多万人接受他的言传身教，他成了全球业务员顶礼膜拜的心灵导师。他还曾经是比尔·盖茨的业务导师，巴菲特、迈克尔·戴尔和杰克·韦尔奇也都曾听过他的演讲。他出版了多部成功学著作，作品畅销全球。

他就是美国著名成功学大师安东尼·罗宾逊的潜能激励导师，全美最具影响力的演说家和成功学讲师，当今世界上最知名的心灵导师——博恩·崔西。

由此看出，在生活中只有不断地否定自己，才能更进一步。不断否定自己其实是对自己的一种心理认可和自信，也是一个不断认识自己的心理过程。一个人只有对自己形成正确的认识，知道自己是一个什么样的人，能够做什么，不能做什么，他才能做自己的主人，独立地做出判断和行动。他才能够不怕否定、批评和指责，有自己内在的标准；才能够不寻求赞许，不为了得到赞许而丧失自我；才能够不停留在现在的安全感里，敢于展现勇气去追求自我实现。

英国著名物理学家史蒂芬·霍金以"黑洞悖论"理论一举成名。2004年7月21日，他宣布了自己的最新假说，认为黑洞信息并非"只进不出"，推翻了自己之前认为的"黑洞消失，内部消息也不知去向"的说法，这是霍金对自己的一次大胆质疑与否定。

就像陶渊明在《归去来兮辞》中说的"觉今是而昨非"那样，成功的人生也应该有"觉今是而昨非"的勇气，勇于自我否定。在自我质疑与自我否定中前进，就是一个不断归零的过程。在人生的道路上，只有不断自我否定、自我归零，不让已经取得的成绩成为探索新道路时背的包袱，这样创造出来的成果才能不被后人否定、归零。

我们看美术大师们的作品，基本上都会分成各个时期来研究。很多时候，虽是一个人所作，但是不同时期的作品往往会呈现出截然不同的特点，差别是极为明显的。这就是前辈大师们不断自我质疑、自我否定的成果。

　　画家黄宾虹老人，早年师法李流芳、程邃，以及髡残、弘仁等，受新安画派疏淡清逸的画风影响很深，但也兼法元、明各家。在行笔谨严处，有纵横奇峭之趣。60岁以前是典型的"白宾虹"；而花甲之后，特别是70岁后，所画的作品淋漓、浑厚，喜以积墨、泼墨、破墨、宿墨互用，使山川层层深厚，气势磅礴，惊世骇俗，形成"黑、密、厚、重"的画风，也使中国的山水画上升到了一种至高无上的境界。可以说，从"白宾虹"到"黑宾虹"，两者之间就是经历了一次自我质疑与自我否定。如果没有这次从"白"至"黑"的自我否定，黄宾虹先生也许只能算是一个中国山水画传统的优秀传承者，而非今天开一代风气的大宗师。

　　闲看庭前花开花落，漫随天外云卷云舒。勇于质疑自己、否定自己实在是人生的一种境界。从狂妄自大的心灵陶醉中把自己解救出来，一点点的质疑就是一点点的雨后彩虹，一点点的质疑的背后就是一盘盘素淡的人生点心。

有对手存在，才能变得更强大

　　世界上充满了竞争，竞争无时不有、无处不在。有竞争就必然有对手。对于我们每个人来说，对手似乎永远都是与我们相对立的，似乎它就是我们眼前的障碍。学习中的竞争对手，希望和目标的争夺者，有时甚至还给我们的人生道路带来诸多不便与坎坷。因此，在现实生活中，总有些人讨厌对手、害怕对手，恨不得自己的人生一帆风顺，一个对手都没有。他们把自己的失败、苦难和挫折都归结为这些对手的存在，似乎只要这个世界一个对手都没有，自己便能过上幸福的生活了。但事实果真如此吗？没有对手的生活会变成怎样？

　　在秘鲁的国家森林公园里，生活着一只年轻的美洲虎。为了保护这种濒临灭绝的珍稀动物，秘鲁人专门辟出了一块近20平方公里的森林作为虎园。虎园环境美好，还有人工饲养的成群的牛、羊、兔、鹿供美洲虎尽情享用，参观的游人都认为这是美洲虎生活的天堂。然而，让人感到奇怪的是，从来没有人看见美洲虎去捕捉过那些专门为它预备的"活食"，也从来没有人看见过它王者之气的威武。只见它吃了睡，睡了吃，整天耷拉着脑袋。

有人以为它是太孤独了，有个伙伴兴许就会好起来。于是秘鲁人从哥伦比亚租来一只母虎与它做伴，但结果还是老样子。最后，公园不得不请来一位动物行为学家。这位专家见到美洲虎那副懒洋洋的样子，便对管理员说，老虎是森林之王，在它所生活的环境中，不能只放上一群整天只知道吃草，不知道猎杀的动物。管理员们听从了专家的意见，便引进了几只美洲豹。这一招果然有效，自从美洲豹进入虎园的那天起，这只美洲虎就再也躺不住了。它每天不是站在高高的山顶上愤怒地咆哮，就是如飓风般冲下山冈，或者在丛林的边缘地带警觉地巡视和游荡。老虎那种霸气十足、刚烈威猛的本性被重新唤醒了，它又成了一只真正的老虎，成了真正意义上的森林之王。

没有对手的世界并不是天堂。动物如此，人也是一样。

一种动物如果没有对手，就会变得死气沉沉，就像上文的故事所说的那样，没有美洲豹的挑战，珍贵的美洲虎也许会变成笼子里面的熊猫。同样的道理，一个人如果没有对手，那他就会甘于平庸，养成惰性，最终导致庸碌无为。

所以，拥有一个对手，尤其是强劲的对手，反倒是一种造化、一种力量、一条警策鞭、一剂强心针、一副推进器。对手是一种动力，时时激励着、推动着我们前进。因为有了对手，会让我们时刻有危机四伏的压力，会激发我们更加旺盛的精力和斗志，会迫使我们排除万难，克服一切艰难和险阻去夺取胜利。

雅典奥运会男子跳水三米板冠军彭勃在赛后接受记者采访时说："我特别感谢两个人，一个是队友王克楠，一个是对手萨乌丁。如果今天没有王克楠到场给我鼓舞，我的金牌就不会拿得这么顺利。我之所以要感谢萨乌丁，是因为没想到他今天发挥得这么出色。他这么大的年龄还那样拼搏，这刺激了我更努力地去比赛。"

只有懦弱的人才害怕对手、害怕竞争。真正的强者从来不畏惧竞争，不畏惧对手的存在。我们在这一节所讲的强者思维，正是激励大家不要害怕竞争，不要害怕对手，要懂得这些对手的存在是为了让自己更强。对手是自己的压力，也是自己的动力。往往对手给自己的压力越大，由此而激发出的动力就越强。我们与对手之间的关系，既是一种对立，也是一种统一。相互排斥又相互依存，相互压制又相互刺激。比如说，可口可乐与百事可乐，正是在这样的相互竞争与相互促进中，双双成为世界知名品牌。

有可口可乐的地方就有百事可乐，"二乐"之间的竞争已经有百年的历史。产品的同质化，使大多数人都分不清两款可乐的口味有什么区别，二者之间的竞争由最初的价格竞争上升到品牌竞争、文化竞争、新品开发竞争，目前都在抢占果汁饮料市场。在媒体推广中，二者也有很多相同之处，你做电视广告，我也做，你做公交广告，我也做。有竞争才有发展，在竞争中，"二乐"由最初的小品牌发展成了全球品牌、世界品牌。

据称，世界上第一瓶可口可乐于1886年诞生于美国，距今已有131年的历史。这种神奇的饮料以它不可抗拒的魅力征服了全世界数以亿计的消费者，成为"世界饮料之王"，甚至享有"饮料日不落帝国"的赞誉。世界上第一瓶百事可乐同样诞生于美国，它的问世时间比可口可乐晚了十几年，它的味道同配方绝密的可口可乐相近，于是便借可口可乐之势取名为百事可乐。

百事可乐，这悄然诞生而后注定要成为可口可乐霸主地位最有力的挑战者的饮料，最初的经营极为惨淡，曾两次宣告破产，它甚至主动提出将公司卖给可口可乐公司，但被断然拒绝了。

后来也有人感慨过，可口可乐的经营大师没有意识到：他们从笼子里赶走了一只可怕的猛虎。几十年以后这只猛虎将要夺走自己的霸主宝座，夺走自己的一大部分市场。但从另一个方面讲，也正是可口可乐自己培养了一位可敬的对手，并在相互竞争中双双成就霸业。正是有百事可乐在后面不断追赶，可口可乐才毫不懈怠地从口味、包装、营销、价格各个方面改进自身。也正是有可口可乐这样强劲的对手在前面引领，才使得百事可乐在挑战中绞尽脑汁，使自己飞速发展。

这就是对手的价值所在。真正的强者，总是欢迎对手的出现，尤其是与自己旗鼓相当的对手。对手犹如一面明镜，能照出你自己的特征，也能激励你去不断学习、不断发展。

对手是勇士的知音，是懦夫的克星。敢于与强手过招是一种境界。正是在与那些狡猾的、有力的、难对付的高手进行博弈的过程中，才能闪耀出自己生命的光彩。也只有战胜了这样的高手，那才是人生最值得高兴的事。即使在竞争中折戟沉沙、一败涂地，我们也应该感谢对手，因为正是他们让我们感受到曾经奋斗过的绚烂与壮美。

目标；棋艺劣者则只顾眼下，寸土必争，结果往往适得其反。人生就和下棋一样，我们不能总是光顾着眼前，还得考虑下一步该怎么走。尤其是当现实生活的不如意让我们变得麻痹的时候，我们更应该仔细想想，明天又是全新的一天，明天的我想做什么？未来的我想成为一个怎样的人？

就在一个星期天的上午，戴维斯经历了一件特殊的事情，这件事给了她一次意外的震撼，使她开始重新思考人生。

那天，她正在卧室里打扫卫生，5岁的小女儿艾丽莎冲了进来，郑重其事地坐到她的旁边。

"妈咪，你长大以后想成为什么？"她问道。

戴维斯的第一反应就是：她又在玩什么想象力游戏了。所以，为了配合女儿，她假装认真地回答道："我想，当我长大以后，我愿意做一个妈咪。"

"你不能这样说，因为你已经是妈咪了。再告诉我，你想成为什么？"艾丽莎紧逼着问道。

"噢，好吧，我想想……我长大后要成为一名会计师！"她再一次回答。

"妈咪，还不对！你本来就是会计师嘛！"

"对不起，宝贝儿。"戴维斯说，"但是我真的不明白你在期望一个什么样的答案。"

"妈咪，你只要回答你长大后想成为什么就可以了。你可以是你想成为的任何人！"

戴维斯愣住了，自己到底还能成为什么呢？她已经35岁，已经有了固定的职业，还有3个活泼可爱的孩子，有一个称职的丈夫，拥有硕士学位……对她来说，人生难道还能有什么其他的改变吗？

她调整了一下自己，然后用一种征询的语气问女儿："宝贝儿，你认为妈咪还能成为什么人？"

艾丽莎看着妈妈，十分肯定地告诉她说："你可以成为你希望成为的任何人！不过，这要由你自己决定。你可以成为一个宇航员，也可以成为一个钢琴家，或者成为一名好莱坞明星……总之，只要你愿意，什么都可以！"

戴维斯非常感动——在女儿幼小的心灵中，妈妈还可以继续长大，还有许多机会去成为她想成为的人。在她眼里，未来永远不会结束，梦想永远都不过时。

那一次交谈过后，戴维斯开始了全新的生活……她开始起早锻炼身体，开始利用每晚看肥皂剧的时间"读10页有用的书"，她开始用新奇的眼光观察周围的一切。

她在改变自己，虽然表面上她并没有什么变化，但她的心已经改变了，她时刻在为自己变成另一个新角色做准备。她有了理想和憧憬：我长大以后会成为什么？

要知道，我们到底能成为什么人，取决于我们想成为什么人。如果我们什么都不敢想，就注定什么也不是。所以，我们要时刻想着未来，考虑如何规划未来。

人生的际遇，我们无法估计，但我们有能力把人生的轨迹导入到一条捷径之中。对于一只没有目标的船来说，任何方向来的风都是逆风。所以，我们不能让自己的人生白白消耗在无止境的思索该往哪里走的困境之中。用发展的眼光看待自己，让眼界超前行动一步，做一些恰当的预测和规划，你就会知道路在何方。

一所国际知名大学30年前曾对当时的在校学生做过一项调查，内容是个人目标的设定和规划情况。调查数据显示，没有目标和规划的人有27%，目标和规划模糊的人有60%，短期目标和规划清晰的人有10%，长期目标和规划清晰的人只有3%。

30年后，哈佛大学再次找到了这些研究对象，并做了新的一轮统计，结果发现，第一类人几乎都生活在社会的最底层，长期在失败的阴影里挣扎；第二类人基本上都生活在社会的中下层，他们没有太大的理想和抱负，整天只知为生存而疲于奔命；第三类人大多进入了白领阶层，他们生活在社会的中上层；只有第四类人，他们为了实现既定的目标，几十年如一日努力拼搏、积极进取、百折不挠，最终成了百万富翁、行业领袖或精英人物。由此可见，30年前对人生的展望和规划情况决定了30年后的生活状况。

　　这就是超前思维的价值所在。用超前的思维看待自己，你会发现一个更全面、更崭新的自我。给自己画一张图纸，给自己设定一些目标和规划，明天的规划，1周的规划，3个月的规划，乃至于30年的规划。拥有了超前思维，你就有了前进的方向，就能指引自己不断向前。

靠反省超越我们的心智模式

有了未来的图纸，我们就有了评价的一些客观标准。在人生的旅途中，我们应当不时地停下来检查一下自己，看看自己是不是还在正确的方向之上，查查自己的所作所为是否还有可改进之处。"金无足赤，人无完人。"人生就是一个不断修炼、完善自己的过程，只有时时反省自己，才能去除杂质，造就更好的人生。

有人说，反省是冠军的午餐，反省是进步的基础，反省是成功的阶梯。它能使你通过重重考验，到达人生的另一个辉煌；它能帮你得到更多的协助，使你前进的道路畅通无阻；它能使你认清形势，从失败的深渊走向成功的高台。

曾经有一位女士养了一只漂亮的鹦鹉，但是它有一个奇怪的毛病，就是经常咳嗽，而且它的咳嗽声闷浊难听。女主人以为它是患了呼吸系统疾病，就带它去看宠物医生。医生经过详细检查，发觉它并没有任何疾病，找来找去，最终发现问题只是出在女主人身上。因为她经常抽烟，所以常常咳嗽，这只鹦鹉只是惟妙惟肖地将主人的咳嗽声学会罢了。

无独有偶，有个年轻人向心理医生诉苦，说他的母亲经常啰啰唆唆，令人感到十分厌烦。经过接触，心理医生发现他的母亲的确十分啰唆，但是同时发现她本来不是这样的，她之所以变得啰唆，是因为儿子从来不在她只吩咐一两次的时候就把事情做成，总要她三番五次地提醒，久而久之她就变得啰唆了。

这两个故事中的女主人和年轻人，一个是自己有烟瘾，一个是自己不把母亲的话放在心上，却从来不检讨自己、反省自己的作为，而只是"理直气壮"地把过错推给模仿主人的鹦鹉，推给苦口婆心的母亲。

法国文艺复兴时期的作家拉伯雷说过："人生在世，各自的肩上扛着一个褡子：前面装的是别人的过错和丑事，因为经常摆在自己眼前，所以看得清清楚楚；背后装的是自己的过错和丑事，所以自己从来也看不见，也不理会。"那女主人和年轻人都是看不到自己过错的人，如果他们懂得自我反省，就不会轻易"理直气壮"地责怪别人了。

反省是一种谦让，能够包容攻击自己的人；反省是一种自责，能够检点自己的不轨行为；反省是一种大度，能够凝聚人气。善于反省自己的人在遇到挫折时，会换个角度去思考，看到柳暗花明的前景；在与别人发生误会时，会退一步对待，拥有海阔天空的大气；在学习中遇到困惑时，会泰然处之，取得茅塞顿开的效果。

肯反省才会有进步，"智者事事反求诸己，愚者处处外求于人"。有教育心理学家发现，在学习上有两类人：内部控制者，外部控制者。内部控制者把学业成绩的好坏归因为个人的努力、勤奋程度和能力水平；而外部控制者却把学习成败归结于运气好坏、学科的易难以及老师的教学水平，所以，一旦失败只会怨天尤人，或干脆抱着无所谓的态度。不少研究都证明了内部控制者更容易成绩好、进步快，而且日后的成就也较大。可见，自我批判能力越强，往往智慧和精神境界就越高，越能创立伟大的事业。

其实，平心静气地正视自己，客观地反省自己，既是一个人修性养德必备的基本功之一，又是增强人的生存实力的一条重要途径。我们来看这样一则故事——

有一个人极不满意自己的工作。

一天，他终于受不了了，愤愤地对朋友说："我的上司一点也不把我放在眼里，改天我要对他拍桌子，然后辞职不干！"

"你对那家贸易公司完全弄清楚了吗？对于他们做国际贸易的窍门完全明白了吗？"朋友反问道。

"没有！"他狠狠地说。

"古人说'君子报仇十年不晚'，我建议你还是好好地把他们的一切贸易技巧、商业文书和公司组织完全搞通，甚至连怎样修理影印机的小故障都学会，然后再辞职不干。"朋友说。

那人觉得朋友的建议有道理——以公司做免费学习之所，把什么东西都弄懂了之后，再一走了之，不是既出了气，又能有许多收获吗？从此，他默记偷学，甚至下班之后还留在办公室里研究商业文书的写法。一晃一年过去了，一天，那人和朋友又见面了。朋友问："你现在大概把公司的一切都学会了，可以拍桌子不干了吧？"然而，那人却红着脸说："可是我发现近半年来，老板对我刮目相看，最近更是委以重任，又升官，又加薪，我已经成为公司的红人了！"

在不断的自我反省中，主人公收获了更好的工作和更多的认可。而他朋友的话，对我们也有启发。这是段充满智慧、用心良苦的规劝之语，委婉地道出了人们平素极易出现而又极易忽视的一种毛病：在工作中，当我们在上司的心目中占不着分量时，我们常常只知一味地牢骚满腹，抱怨上司的不公，却不肯平心静气地正视自己，客观地反省自己。问问自己"能"有几许、"力"有几何。先掂量一下自己的实力，看能不能与自己理想中的职位匹配；回想一下自己在工作中的实际表现，是否能获得上司和同事的首肯和赞许。假如自己有实力，也有工作业绩，但还是没得到上司的赏识和称赞，是不是应该再考虑一下自己做事的表现方式是否符合老板的意愿？不把所有的问题都归咎于人，也不在跌倒的地方一蹶不振，反省自己，抬头向前，这才是正确的人生之路、成功之路。

总之一句话，反省是水，人生是茶，只有多泡几遍，茶才会更香更浓。

你是在做自己，还是在演自己

有句古话说得好："生于忧患，死于安乐。"意思是说人要有忧患意识。用简单的话说，就是要有危机意识。晴带雨伞，饱带干粮——未雨绸缪总是好的。

也许有一些人会固执地说，自己命好运气好，根本不必担心明天会如何，也不必担心有什么逆境，因为自己能够逢凶化吉。如果真能够这样的话，那可真是令人欣慰，但问题的关键是，你真的能用命好运气好解决一切难题吗？

科学家做过这样一项实验：把一只青蛙放到盛满开水的大锅里。这只青蛙一入水，便立刻感觉到环境的变化，于是迅速挣扎，跳跃出水，虽受轻伤，却避免了被煮死的命运。第二次，科学家把一只青蛙放到盛满凉水的大锅里，然后，用小火慢慢加热。青蛙没有感到温度的慢慢升高，一直在水中欢快地游动。随着水温逐渐增高，青蛙的游动渐趋缓慢。等到温度升得很高时，青蛙已变得非常虚弱，无力挣扎，最后慢慢地被煮死。

两只青蛙不同的命运告诉我们，舒适的环境容易使人忘乎所以、丧失斗志。任何个人乃至组织都应学会居安思危，强化危机意识。否则，即便有应激反应能力，在遇到危险时也于事无补。所以，即使现在我们拥有良好的生存环境，但要想获得成功，我们必须有危机意识并做好危机预防。不过，也许有人会说，未来是不可预测的，"是福不是祸，是祸躲不过"，既然如此，何妨一切都随缘，又为什么要有危机意识呢？

没错，未来是不可预测的，而人也不是时时走好运的，不管预测得多好，"万一"总是会在不经意间出现。正因为这样，我们才更要有一种危机意识，在心理及实际行为上都要有所准备，好应付突如其来的变化。如果没有准备，不要谈应变，光是心理受到的打击就会让你手足无措。而具有危机意识，或许不能把问题彻底消灭，但却可以把损失降低，为自己留得退路。

《伊索寓言》里面有这样一则故事：

有一只野猪对着树干不停地磨它的獠牙，一只狐狸问："现在既没有猎人，也没有猎狗，为什么不躺下来休息享乐呢？"

野猪回答说："如果我现在不磨锋利牙齿，等到猎人和猎狗出现时，我就只能坐以待毙了。"

这只野猪所具有的就是居安思危、未雨绸缪的危机意识。

不可否认，人是有着惰性的，安逸的日子过着过着，每个人就都可能像温水里面的青蛙一样，也许周围的环境已经有所变化，但我们却还没有意识到。等到真正意识到的时候，自己却再也无能为力。

看不到差距是最大的差距，没有危机是最大的危机。有一句话说得非常好，如果一个人连危机意识都没有了，危机便会像决堤的河水一样席卷而来。市场竞争不同情和怜悯弱者，它不相信眼泪，不具备情感，要么逆水行舟，要么顺水淘汰。所以，在这个竞争激烈的社会里，更需要危机意识，危机意识会让人保持活力。

挪威人喜欢吃沙丁鱼，尤其是活的，因此渔民总是千方百计地想让沙丁鱼活着回到渔港。可是虽然经过许多努力，绝大部分沙丁鱼还是在途中因窒息而死。然而，有一条船上的鱼大部分都能活着回到渔港。原来，船长在装满沙丁鱼的鱼槽里放入一条吃沙丁鱼的鲇鱼。鲇鱼进入鱼槽后便四处游动，而沙丁鱼见了鲇鱼十分紧张，四处躲避加速游动，这样沙丁鱼便活蹦乱跳地回到了渔港。可见，沙丁鱼是受了外界的刺激和压力才保持了生机和活力。

居安思危，既是兴奋剂，也是清醒剂；既算心态，也属精神；既靠意志，更需行动。在实际生活中，我们要学会和善于实行"差距管理"，做到居安思危，危则有备，备则无患。不难发现，国内外许多知名企业家都把危机意识融入企业文化中，比尔·盖茨说"微软离破产永远只有18个月"，任正非认为"华为总会有冬天，准备好棉衣比不准备好"，等等。

海尔首席执行官张瑞敏就常说自己要"永远战战兢兢，永远如履薄冰"。1985年，他当着全体员工的面，将76台带有轻微质量问题的电冰箱当众砸毁，使员工产生了一种危机感与责任感，由此创造出了一套独具特色的海尔式产品质量和服务体系，譬如"用户永远是对的"，"海尔卖的不是产品，而是信誉"，"真诚到永远"，等等。海尔的生存理念更是给人一种强烈的忧患意识和危机意识，成为海尔集团打开成功之门的钥匙。

企业要发展，就一定要有居安思危、未雨绸缪的忧患意识。企业是这样，那么个人呢？在市场竞争如此激烈的今天，你的危机意识有了吗？够了吗？

也许你现在的处境很优越，有时间、有能力一步步走向自己向往的生活；也许你淡泊名利，只想过简单的生活而没有太多的欲望。但这并不意味着危机不存在，只是它还没有来到你的身边。在现代商业环境中，危机总是悄然而至，让你猝不及防。

要明白，危机实际上是客观存在并时刻左右着你的。只有意识到危机的存在，才会有动力产生。未来是不可预测的，而人也不是天天走好运的，防患于未然，我们才可以临危不惧，处之泰然，转"危"为"安"，甚至可以借机趁势，实现人生另一个华丽的回旋。

俗话说，人有旦夕祸福，即使你现在生活安逸平静，也不妨常想想：如果对方毁约了，我还能不能找到弥补的办法？如果有意外情况生，以后的日子该怎么过？如果明天企业倒闭了，我的出路在哪里？世界上没有永久不变的事情，人心也是会变的，万一你信赖的人，包括朋友、亲戚突然之间变心了，该如何应对？万一自己的身体健康出了问题，又该如何处理呢？

所有的事情你都要有"万一……怎么办"的危机意识，并且要做到未雨绸缪，预先做好充分的准备，随时把"怎么办"握在手心里。毕竟，人最怕的就是过上安逸的日子，那样很容易让人变得毫无斗志。有的人一直过着看似平静的生活，以为一辈子也就将这样过下去，没有考虑到任何意外的发生。而当有一天，变故真正出现的时候，却是六神无主，不知该如何应对。所以，不如从现在开始就做好准备，以防担心的"万一"真的发生在我们的身边。

我们的幸福感是怎样流失的

不难发现，我们在遇到一个问题的时候，很容易掉入问题的陷阱之中而产生错误的判断，进而影响行动。传说中忧天的杞人就是因为按照自己的认识想当然地去看待一个问题而使自己陷入了困境，究其根底是因为他脱离了客观的现实，片面地去看待问题，所以有了错误的判断。

有这样一个寓言故事，说的是有4个小孩在山顶上玩耍，玩得最带劲儿的时候，突然从山顶处蹿出了一只大狗熊。

第一个小孩反应特别快，拔腿就跑。这个小孩是学短跑的，一口气跑了好几百米，感觉身后没动静，回头一看，其他3个小孩都没动，就向3个小孩喊："你们3个怎么不跑呀，狗熊来了会吃人的。"

第二个小孩正在系鞋带，回应说："废话，谁不知道狗熊会吃人呀，别忘了狗熊最擅长长跑，你短跑跑得快有什么用呀？我不用跑过狗熊，待会儿我跑过你就行了。"说完就问旁边的小孩："你愣着做什么？"

第三个小孩说："你们跑吧，跑得越远越好，待会儿狗熊跑近我的时候，保持安全的距离，我带着狗熊到我爸的森林公园，白白给我爸带回一份固定资产。"说完，就问第四个小孩："你怎么不跑呀？"

第四个小孩说："你们都瞎跑什么呀，老师说了，在没搞清问题的时候不要乱做决策，不要乱判断，要做市场调查。狗熊是不轻易吃人的，你们看山那边有一群猪，狗熊是奔着猪去的，你们跑什么呀？"

一个优秀的人，高明的眼界是必不可少的，高明的眼界就来自能够全面地看待事物。要让自己成为一个优秀的人，就必须全面地去看待问题，纵观事物的全局，从大的方向着眼。一个问题出现了，就要解决它，但是不能被问题本身所限制，要发挥我们的思维能力，从外面看到事物的整体形态以及它所处的环境，再结合我们对于事物内部的认识和了解，就很容易得出关于事物的一个比较全面的认识。这样，结合个人的经验，要解决问题就不难了。

犹太人有这样的思维习惯，倘若有一个人说出了一种观点，那另一个必须反对他，因为他们认为一个人的意见一定是不客观的。

要做到全面地看问题，就要做到多角度看问题。

有这样一个故事：一朵淡淡的红花被放在马路边，人们经过它的身旁，诗人说它是"美好春天的使者"；植物学家把它归类为"草本复叶的薇科植物"；药物学家把它当作"具有清凉解热功效，可烘干煎服的止痛药"……最后，清洁工把它作为"有碍市容的东西"扫进了垃圾箱。

这个故事给我们的启示就是：要多角度看问题。我们每一个人的经历、价值取向、知识层次都是有区别的，对同一事物的观点和看法也会有所差异。当别人的观点和自己不同时，如果固执己见，不采取有效的解决方式，就容易产生矛盾乃至冲突。正如"世界上没有完全相同的两片树叶"一样，我们怎能苛求他人的想法和自己一致呢？遇到问题时，应当尊重他人的权利，通过沟通增强彼此间的了解，以求认同、理解和支持。

"横看成岭侧成峰，远近高低各不同。"世上万事万物都是纷繁复杂的，从不同的角度会看到不同的景象。多角度看问题是理解和认同的基础，是处事理智和周全的保证。站在不同的角度观察同一事物，会产生多种结论。

古代有个"盲人摸象"的故事，讲的是盲人摸到象的不同部位，就以为整个象就是他摸到的那个样子。这种例子在人们认识事物的过程中经常发生。关于岩石的成因，在历史上曾经有过两大学派：一派是火成说，他们抓住岩浆岩有气孔，呈流动状态的性质，认为岩石来自地球内部，是火山喷发造成的；一派是水成说，他们看到砂岩、石灰岩的层理就认为岩石是来自水的沉积作用。

在电的发明史上，伽伐尼把青蛙腿挂在铜钩子上，再用一根铁丝接触蛙腿，发现了蛙腿的抖动，于是伽伐尼宣告他发现了生物电，并得到科学界的一片喝彩。但几年之后，伏打指出蛙腿抖动的真正原因是伽伐尼的铁丝同时接触了铜钩子，是两种金属相接触产生的接触电，并由此发明了伏打电池。然而，科学史上，火成说和水成说，生物电和接触电，还有光的波动说和微粒说，生物中的进化论和突变论在一定程度上都和盲人摸象有些相似，都只是事物的一个侧面。有些时候，我们只看到某些事物的优点而忽略它们的缺点，有时候我们只看到某些事物个体的存在，却没有看到它们其实是处在一个更大的链条当中。我们往往会在做过一件事情之后，才后悔当初做决定的时候没有多考虑一些。所以说，用全面思维进行思考，才会得出更接近事物本质、更符合事实真相的结论。

心有多大，舞台就有多大

在现实生活中，我们很容易就知道自己从何而来，关于自己的历史与过去，我们虽算不上如数家珍，但也都有清晰的记忆；我们也不难弄明白自己身在何处，自己在做什么，因为每个当下都是那么短暂，随意便能捕捉。但这些过去的我、现在的我，这些历史的存在以及日复一日的今天往往束缚了我们的眼界，把我们困在当下，好像围着磨盘转的驴子，总在一个地方打转。而且这个磨盘，很多时候都是我们自己设定的。我们总会告诉自己："我不是专业搞这个领域的，那些高端的活儿我做不了。"或者告诉自己："我就是前台，所以我现在就只能做接电话、拿快递之类的事。"

然而，成功人士告诉我们，不要被那无形的线给圈住，永远围着磨盘转；不要给自己贴上什么标签，你现在是某种身份不代表你永远都会是这种身份；不要被过去和现在的我束缚，过去的你不代表今天的你，今天的你也不是未来的你。千万不要把自己固定在一个圈子里，很多时候，是我们自己给自己造了天花板，是我们自己把自己框定在一个小圈圈里面。把条条框框、各种标签还有无谓的边界都抛弃，你会发现：心有多大，舞台就有多大。

每天早上7点打开电视机，中央电视台《朝闻天下》节目中，朝气蓬勃的新闻主播赵普就以健康、清新、亲和的主持风格，牢牢吸引了中国亿万电视观众的目光。然而，有多少人知道，这位中国顶级电视媒体的新闻主播，曾经只是一个只有初中学历的保安。那么，他是如何实现这种人生大飞跃的呢？

1971年，赵普出生在安徽省太平县一个贫穷的小山村。1987年12月，16岁的赵普离开家乡，到北京某后勤部队当了一名士兵。赵普退伍后，到安徽省体育局下属的省体育馆当了一名保安。过去的经历和当时的职业并没有束缚住赵普的思想，他知道自己想干什么——他想当一名播音员。在部队时，他就在连队广播室当广播员，他热爱这个工作，并且热切地想成为一名专业的播音员。虽然在做保安，但赵普从来没有放弃过追逐更好的自我。

为了练好普通话，咬准每一个字音，每天下班后，他都会将《新华字典》上的字连同拼音抄满6页，折成小卡片，放在衣兜里，一有时间就一个字一个字地进行练习。为了练好形象和表情，他又专门从书店里搜集一些印有电视主持人形象的挂历，贴在镜子旁边，对照着模仿。

不久，机会降临了。1991年，安徽省气象台面向社会公开招聘一名临时气象播报员。虽然气象播报员只有短短3分钟的出镜时间，而且还只是一个每月只拿200元劳务费的临时工，但赵普争取到了这个机会，使自己越来越靠近主持领域了。

然而，赵普并不满足于当一名临时气象播报员，而是想以此做敲门砖，最终成为正式而且出色的电视节目主持人。因此，为了能够系统地学习和掌握有关播音主持的知识，赵普报名参加了北京广播学院的自学考试。从此，他一边做着体育馆保安的工作，一边抽时间做好临时气象播报员，自学播音主持，每天都忙忙碌碌。1996年2月，只有初中文凭的他终于接到了北广播音系的录取通知书。

此后的故事我们就都熟悉了。从北京广播学院毕业后，赵普来到了北京电视台，而后是现在的中央电视台。从一个只有初中学历的体育馆保安，到中国顶级电视媒体的新闻主播，赵普的经历告诉人们：千万不要为自己设限，要用发展的眼光看待自己和未来。这一秒不失望，下一秒就有希望；前一级台阶踩牢，后一级台阶才会再踩在脚下，你永远都不知道今天平凡无奇的你明日会成就怎样的人生。

苏联火箭之父齐奥尔科夫斯基10岁时染上了猩红热，持续几天的高烧，引起了严重的并发症，使他几乎完全丧失了听力，成了半聋。他默默地承受着孩子们的讥笑和无法继续上学

自我管理与幸福

成功的关键，在于管理自己，而不是领导别人。自律，就是"约束自己、管理自己"。从大的方面来说，它是一个群体的思想品质的体现；从小的方面来说，它是对一个人意志力的考验。普罗图斯说过："能主宰自己灵魂的人，将永远被称为征服者的征服者。"罗·勃朗宁也说："一个人一旦打响了征服自我的战斗，他便是值得称道的人。"

杰瑞·莱斯被公认为美式足球前卫接球员的最佳代表，他的球场表现便是最佳明证。熟悉他的人说他是个天生的运动员，他的天赋体能惊人而且罕见，任何一位足球教练都想找到这样天赋优异的前锋球员。获选进入美式足球名人榜的明星教练比尔·华西发出这样的赞叹："在我们所认识的人当中，没有一个能赶得上他的体能。"单是这一点还不能使他成为传奇性的人物，在他卓越成就的背后有一个真正的原因，那就是他的自律能力。他苦练身体，每一天都在为攀越更高的境界而准备。可以说，在职业足球界，很少有人像他这样自律。

　　莱斯的自我鞭策能力，可以从他体能训练的故事说起。当他还在高中校队的时候，每次练习之前，摩尔高中球队教练查尔斯·戴维斯都规定球员以蛙跳的方式弹跳前进一座40码高的山丘，来回20趟后才能休息。在密西西比炎热而潮湿的天气下，莱斯在完成第十一趟之后就感到吃不消而打算放弃。当他打算偷偷地回球员休息室时，他意识到了自己的行为。"不可以放弃，"他对自己说，"因为一旦养成半途而废的习性，你就会把它视为平常。"他掉过头来，回到练习场上完成他的弹跳。从那时起，他再也没有半途而废过。

　　成为职业球员之后，莱斯又以攀越另一座山丘而闻名。这是一处位于加州圣卡洛斯的野外山径，全长约有2.5里，莱斯每天在此锻炼体能。有一些足球明星偶尔也来参加练习，但是没有一个人能够追得上他，全被他远远地抛在后头，人人都对他的体力赞不绝口。其实，这只是莱斯固定操练的一部分而已。当赛季结束之后，其他球员都去钓鱼或享受假期，莱斯却仍旧保持勤练的作息规律，每天从早晨7点钟开始做体能训练，直到中午。有人曾开玩笑说："他的身体锻炼达到了高度完美的状态，连功夫明星跟他比起来都只像是个相扑选手。"

　　"许多人所不能了解的地方是，莱斯总把足球赛季看成是一年365天的挑战。"美国职业足球联盟明星凯文·史密斯这么描述他，"他的确天赋过人，然而他的努力更是凌驾于他人之上，这正是好球员与传奇性球员的分野。"

莱斯后来在专业领域中登上了另一座高峰：他遭受了一个极为严重的运动伤害。在这之前，他已经创下连续19年比赛从不缺席的纪录，这也是他高度自律的品德及超强韧力的明证。当他于1997年8月31日在球场上摔破膝盖骨时，人们以为他的足球生命就此停住了。因为就历史记录来看，只有一位球员在这种伤害之后，还能在足球赛季内回到球场比赛，那就是罗德·伍德生，他用四个半月的时间完成康复，创下职业球赛历史的纪录。然而莱斯却只花了三个半月就康复了，靠的就是咬紧牙关的坚毅决心以及令人难以置信的自律。这种恢复的速度令世人大开眼界，可以说是前所未有，也难有人再出乎其右。莱斯因此得以再次回到球场上纵横驰骋，并为球队赢得胜利。

杰瑞·莱斯的经历显示了自律所具有的强大力量，没有任何人可以在缺少它的情况下获得并保持成功。我们甚至可以说，无论一个人有多么过人的天赋，若不运用自律，就绝不可能把自己的潜能发挥到极致。它能促使人们步步攀向高峰，也能使个人能力得以卓有成效地维持。

自律是什么？柏拉图说自律是一种秩序，一种对于快乐与欲望的控制。所以说，当我们面对成功者时，不要问他们是怎么做到的，而要问为什么自己做不到。成功的关键在于是否能够管得住自己，是否能够经得住诱惑。"为"与"不为"，全在于一念之间。

美国有个心理学家曾做过这样一个实验,将一群小孩子安置在同一个房间,并放上糖果,告诉他们糖果只能等工作人员回来再吃,然后又用隐藏的摄像头观察他们。结果发现只有少部分孩子克服了糖果的诱惑,而大多数都吃下了糖果。以后工作人员又继续进行跟踪调查,发现没吃糖的孩子成人后在事业上大多很有成就,而吃了糖的那部分孩子却少有成就,并且失业率很高。

这个实验从另一方面反映了自律的力量。人生在世数十载,灯红酒绿之中的诱惑,又岂是小时候的几颗糖果可以比拟的?这便是考验人们自律能力的时候了。在有人监督的情况下表现好并不难,难的是不管有没有外力在,都能始终如一地坚持自己的原则与立场。依赖别人来管理自己的人,永远也成不了管理别人的人。只有先把自己管理好了,才有能力去管理和领导生活中的其他方面。

有这样一则小故事:

有一天,孩子吵着要妈妈带着他去钓鱼。"孩子,明天才开禁钓鱼呢!"妈妈劝慰道。可是孩子已拿好钓鱼竿,软磨硬泡地非要妈妈同去不可。

安好诱饵,小孩将鱼线一次次甩向湖心,在落日的余晖下泛起了圈圈涟漪。忽然,浮标动得厉害,他知道一定是有大家伙上钩了，猛地拉上来，他的眼睛亮了——哇！好大的鲈鱼。月光下，鱼鳃一吐一纳地翕动着。

"你得把它放回去，儿子。"

母亲严肃地说，孩子伤心地掉下了眼泪。环视四周，并不见人影。但孩子知道，未到开禁时间，母亲的决定不会改变。待了好长一段时间，孩子终于把那笨拙的鲈鱼扔进湖里。

后来，这孩子成为纽约市著名的建筑师。童年时候的事使他终身感谢母亲，因为是母亲让他懂得了诚实和自律。那次他虽然没有得到大鱼，但后来他却猎取到生活中的大鱼——事业上的成绩斐然。

一条鱼教会了孩子自律，只有当他懂得不只是在别人的目光中才勉强承担责任时，他才是真正地长大了，他也才能够规划自己的人生。可是我们生活中的很多人，虽然已经在社会上从事了某些工作，但在某些方面却是真的没有长大，连管理自己的能力都没有，何谈管理别人？

我们常常被惰性所拖累，迟迟不愿执行已经计划很久的事情，或是被欲望所引诱，无暇顾及自己的立场和原则。有多少人是闹钟响了很久也迟迟不愿醒的？又有多少人是说不喝酒就不喝酒的？不要给自己软弱的理由和借口。要知道，人世间最顽强的敌人就是自己，最难战胜的也是自己。自律就是要与自己做斗争，管理自己的各种欲望和惰性。

　　一个自律的人，应该是一个懂得自爱、勇于自省、善于自控的人。自律能使人明于自知，使人养成良好的行为习惯，能使人学会战胜自我，使人身心健康，使人高尚，建立良好的人际关系。同时它也是一个修养的起点和基本要求，也是一个人行动自由所必需的条件。一个人能够自律，说明他的修养已达到了较高的境界。

　　要想迈入成功者的行列，就要用自律的精神管理自己，不要放纵自己。应当时刻记住，只有把自己管理好了，才有可能去管理别的事物。

与其在等待中枯萎，不如在行动中绽放

又到了求职的高峰期。都说现在找工作不容易，而有的人为什么能顺利入职并干得很出色，而有的人却在不停地找工作，并且在工作之后的成绩也不理想呢？其中的差距到底在哪里？我们先来看一个毕业生找工作的真实心声：

4年前，在家人的热情怂恿之下，我在高考志愿书上填了中文系的专业。他们的理由听来有足够的说服力，老爸说："现在干什么不要一手好文笔！领导上台讲话、广告的策划、每年的报告总结，就算你是个小职员，也需要把自己的年终小结写得天花乱坠的。这个专业出来什么都能干。"其他人也附和："是呀是呀，学了中文系将来什么工作不能做？到时候你就是'万金油'，工作就由你挑了。"我自己一琢磨，好像确实是一个不错的选择。

4年后，当我拿着毕业证奔赴各大小招聘会时，当初的种种美好设想被现实打得支离破碎。一直认为中文专业的毕业生选择面会很广，但一到人山人海的招聘会上，却发现适合自己的职位是如此稀少。好不容易挤到了某摊位的人事经理面前，递上自认为满意的简历，没想到他刚翻了第一页就头也没抬地说："对不起，我们需要相关专业的人士。"我应聘的是销售人员，有如此必要吗？

既然是要相关专业，那么当文秘总需要中文专业的吧。又经过一番拥挤后，堆满鲜花般笑容的我出现在招聘人员面前，再一次递上精心设计的简历。看来这一次有戏，那人看完了我的整个简历后问我："你们都学些什么课程呢？"我如数家珍："中国古代文学、现当代文学、古代汉语、文史典籍、中国文化史……"还没等我说完，他便委婉地告诉我他们需要秘书学专业。

想必不少人也有相同的经历。确实，年轻人刚踏入社会的时候，常常问自己："我能做什么？"答案常常是模糊的，好像什么都能做，但又好像什么也不精通——每年的毕业生就业时，大把大把的人都会发现自己面临着这样窘迫的状况。在竞争越来越激烈的就业市场，那些什么都知晓一些但什么都不精通的人，在那些"专家"型的竞争者面前，稍加比较便败下阵来——这就是"万金油"的下场。

"万金油"——正如广告所说，乃"居家旅行必备之良药"。小时候，几乎家家都有一盒"万金油"，用来治疗头痛发热、伤风感冒等小痛小病。万金油可谓包治百病，但什么病也治不好，真正生病了，大家还是会去医院或者诊所，找专家，找大夫，找真正的药。所以此物的最大特点是什么？——急需用的时候，就会想着找到用；不需要时，可能永远都想不起来。多么可怕的词，谁愿意让自己成为这样一个可有可无、没有真才实学的人？

现代社会需要的是专家。尤其是在社会分工越来越细的情况下，你只有让自己也足够细、足够专，才能在这个大环境中游刃有余。养由基的百步穿杨，一箭双雕是专业技能。庖丁解牛，游刃有余，那种"不以目视而以神遇"的功夫，也是专业技能。有这样过硬的专业技能，不怕自己不成功。

真正成大事的人，是那些知识丰富并对某一领域特别熟悉的人，他们有着专业的知识、充足的经验，并能将其巧妙运用，从而达到成功，实现自我价值。

美国的拿破仑·希尔博士写道："人类知识可分为两大类：一类是普通知识，另一类是专门知识。普通知识，不论其类别和种类有多少，对于聚敛金钱来说，是很少能派上用场的。它是基本的，积聚性的，是大学各科系所有的，几乎是所有文明社会都知道的。"

接着，希尔先生进一步指出，你若要成就大事业，就一定要将你做的事情专业化。真正成大事的人，是那些有特殊知识的人，他们能把自己的智慧的灵光发挥得淋漓尽致，在追求中将普通知识升华为自己的特殊知识，从而获得成功。

　　一组调查数据也证明了希尔先生的观点。美国著名的统计学家、民意测验的创始人乔治·盖洛普的后裔组建的盖洛普组织，从《今日美国名人录》中随机选择了1500个有贡献的人，研究他们成功的秘密。结果发现，每一个成大事者都拥有很高深的专业知识。

　　世界首富比尔·盖茨的计算机天分与知识那是不用说的；香港地产大王李嘉诚是个不折不扣的地产专家；世界船王包玉刚是一部航运百科全书；澳大利亚的传媒巨子默多克在世界舞台上常有大手笔，他对传媒了如指掌。再如百年前的诺贝尔，他是一个化学家，在其研制成功炸药后创办了公司，并留下了一个900万美元的基金——他运用其自身纯粹的知识而获得了财富。

　　今天，这些科学家运用知识开拓创新带来财富的成功事例仍然是有启迪作用的，它告诉我们，若要成就一番伟大的事业，你必须以雄厚的知识作为基础，你所积累的知识与你成功大小是有一定关系的。

　　菲利浦·奥克斯莱是著名的坦尼克石油勘探生产公司的创立者，欧洲坦尼克的主席。他认为他的成功是由于精通石油专业知识，他通过亲自进行探油、采油工作，掌握了第一手的专业知识。他说："一个人要想成为优秀的管理人才，必须对他所从事的行业知识有实地经验。"其实，他的专业知识为他赚得了不菲的薪水。

　　菲利浦认为，"掌握专业工作必需的知识"是成功公式的一部分。值得注意的是，他获得专业知识是通过自学，而不是通过正规学校。

一位公司的代总经理说："再没有能比精通自己正在干的活更能帮助你获得成功的了。就像你持有能力的保险单一样，它能减少风险和徒劳。"在知识大爆炸，信息产业化的今天，专业知识已成为这个社会中最直接、最有力的"资产"，我们将自己的理想转变成现实的成功，把我们的知识转化为现实的权力、财富。一个拥有专业知识的人，可以通过不同的方式及途径，提供自己独特同时又卓有成效的服务，以达到帮助他人克服困难，提高生活质量，发挥自身潜能的目标。

在现实生活中，有些人活得快快乐乐、舒舒服服，而另外一些人的生活中却充满了苦涩与艰辛；有些人极为富有，甚至富可敌国，而另外一些人却穷困潦倒、终生贫寒；有些人一帆风顺、锦衣玉食，而另外一些人则常抱怨不得志，心怀不满足。这便是因为他们各自知识水平与运用能力的不同。那些没有充分发挥大脑智能，没有运用自身知识去开拓创新的人便沦为人生的失败者，处处显得可怜。

现代社会的竞争极为残酷，所以，要想做一个成大事的人，你就要在你那个行业或部门中成为一流的人才，必须拥有专业知识并且具备开拓创新的能力，更重要的是能高人一筹，那么你就会游刃有余，大展身手了。你会以你的知识能力很快获得别人的注意与肯定，逐渐受到重视，不断得到尊重。

花费你的一部分过去，去购买一个未来

　　在这个瞬息万变的时代，你是否已感到多年的经验可能会因为新技术革命的出现而在一夜之间变得一文不值？是否觉得自己在工作中的优势已越来越弱，自身价值得到充分体现的可能也越来越小了？

　　在社会发展日新月异、知识更新速度不断加快的年代里，"充电"已经成为人们改变职业方向、提升职场竞争力的重要途径。人在职场，如逆水行舟，不进则退，这已经成了越来越多人的共同感受。

　　工作中开始出现你不懂的东西：一些新设备是你从未用过的，一些新技术是你从未学过的，一些新名词是你从未听说过的……总之，你遇到了一定的技术障碍，感到过去的知识已经不够用了，此时，当然不能坐等被淘汰的命运，而要让自己尽快跟上知识更新的脚步。

　　人生需要不断地充电。整个社会都在以软件更新的速度不断前进，如果你不升级自己，那么后果就是被社会抛弃。只有不断地充实自己，才能赢在起跑线上。

一帮大学同学毕业后，各自走上了工作岗位。10年后，他们相约到母校聚会。教授得知这些学生们10年来的成就与作为之后，很不满意。教授之前对其中的几位学生尤其寄予厚望，但是大跌眼镜的是，10年过去了，他们都表现平平，没有一个有拿得出手的成就。

教授感到不解，于是问他们："你们毕业后，平均每月看过一本书的请举手。"

学生们都露出惭愧之色，没有一个人举手。

教授知道了他们10年来表现平平的原因，"一个月看一本书，对任何人来说都不困难，为什么你们一个人也做不到呢？难道你们认为在学校学习的那点知识已经够用了吗？难道你们在工作中没有遇到任何问题，不需要学习新的知识来解决吗？"

教授的话，令人深思。走上工作岗位后，能坚持平均每月看一本书的人有多少呢？难道是因为不需要或者没有时间吗？当然不是。

大多数人从学校毕业后进入社会就失去了进取心，得过且过，也不会再有什么进步。反之，学生时代即使不显眼，但到社会后仍然勤勉踏实地主动学习，往往都会有长足的进步。对于成功的目标来说，一个人步入社会时拥有多少知识并不起决定性作用，自我进修的态度才是决定事业成长高度的因素。

李刚毕业后没多久，就幸运地应聘到一所知名学校做办公室的文职人员，主要负责起草文件、对外宣传等工作。在同一办公室里，还有其他3位前辈。校长在场时，大家都表现得工作很投入的样子。但校长不在时，同事们就开始放松下来，在开心网上玩玩游戏，侃侃奇闻逸事等。李刚因为初来乍到，很有自知之明，没有随大溜，而是一有空闲，就想一想领导交办的事情有没有未办妥的，自己还欠缺哪方面的知识，然后抓紧时间进行充电。

由于李刚的用心，为自己的未来增添了色彩。他在学校工作了4年，第一年做的是普通职员，第二年升任办公室副主任，第三年由副主任转为正主任，第四年出任校长助理。而在办公室玩游戏侃大山的3位同事，虽然入职比他早，但直到李刚升职离开这个办公室，他们仍是表现平平。差距在哪里？就在于李刚一直在充实自己，而他们没有。

追求杰出的人从不会停止自我进修。美国著名政治家艾尔因为家贫，小学未毕业就辍学了。依靠勤奋努力，他30岁当选为纽约州议员。这时他的知识依然贫乏，甚至看不懂那些需要表决的法案。但艾尔没有气馁，每天坚持读书，如饥似渴地学习那些他需要了解却暂时不明白的知识，有时他一天要读书16个小时。而且，他将读书的习惯一直坚持着。在当选为纽约州州长的时候，艾尔已经成了一个学识渊博的人。他曾四度出任纽约州州长，而且先后有6所大学授予他名誉学位。

优秀人物从不认为自己的学问已经够用，相反，他们几乎一致认为自己所知甚少，需要靠不断学习来满足工作的需要。越是优秀的人越不满足于自己的现状，反倒是平庸之辈对自己的学识能力颇为自得，觉得工作中已经没有陌生的东西。人是熟悉的，工作也得心应手，很少遇到难题，轻轻松松就能完成工作。

但是，千万不要因为这样就停止自我更新和自我升级。因为社会的整体素质正在不断提升中，一些文凭比你高，专业知识比你丰富的人可能会加入你这个行业，成为你的挑战者。那你就更有必要适时充电，以抵挡一拨又一拨实力不凡的竞争者。

有些人的职场之路过于顺利，以致他们觉得一辈子都能这样。假设你当初学习的刚好是目前很热门的专业，由于懂行的人才很少，你极可能顺风顺水地享受高职、高薪。但正因为热门，必定有更多的人开始学习这一专业，他们掌握的技术也更成熟，将来极可能把你淘汰出局。假设你遇到一个特别赏识你的老板，你也可能顺利冲上很多人望尘莫及的高端位置，但这个老板真的能一辈子庇护着你吗？不管什么原因，顺利的状况总是不能持续很久，在一个竞争激烈的时代，辛苦打拼才是生活的常态。所以，当你感到过于顺利时，反倒要引起警惕，及时充电升级，以应付未来的变化。

NBA球星迈克·詹姆斯就是这样一个不断升级自己的人。

在NBA里，这个迈克·詹姆斯绝对不简单。一方面，他是NBA一位不折不扣的"流浪球员"，从2001年进入NBA至今，詹姆斯一共换了8支球队。在活塞队期间，他为自己赢得了金光灿灿的总冠军戒指。另一方面，因为他随时都在为自己充电。他没有参加过NBA选秀，2001年以自由球员的身份和热火签约，此后便一直在边战斗边成长。

2008年，还在火箭打后卫的迈克·詹姆斯出席在斯坦福大学举办的球员商机发展联合会，接受职业生涯规划教育。迈克·詹姆斯曾在杜昆大学获得儿童心理学学士学位，他希望斯坦福大学的课程能有助于他日后成为一个出色的商人。

的确，球员总有退役的那天，但是生活不会因此而停止。有了这样的学习经历，当詹姆斯离开球场的时候，我们有理由相信他将迎来同样精彩的另外一段旅程，因为他已经做好准备了。

要想得到成功的青睐，就及时地给自己充电，为成功的天平增添砝码吧！

2 / *Chapter 2*

从思维中解放自我

专注可以战胜思维里的一切

很多人做事时常常是东一榔头西一棒槌，从来不会专心致志。所以当他们看到别人取得成功就哀叹命运对自己不公，他们哪里知道那些成功的杰出人士是怎样工作的呢！他们为思考一个问题常专注到废寝忘食。

要做到思维的专注必须在单独一个人的时候，尤其是在尚未形成一种固定的专注习惯之前。

例如杰出人士霞飞将军，在他早年的时候，就养成了一种习惯，在思考问题时必须长时间散步。关于他的这种有趣的散步习惯还有过一段逸事呢，这是他姐姐告诉我们的："这件事情发生在他在里非沙兹的那段时间，有一天，他散步到了普拉摩堡垒前。这座由范班设计的举世闻名的堡垒引起了他的注意，于是，他用一种堡垒建筑专家的眼光仔细观察起来。驻扎在堡垒上的士兵看见他穿着平民的衣服，以为他是一个德国的侦探，因此，立刻捉拿了他。他竟然一点也没有反抗。他被他们带到上级军官那里去。由于他能说一口流利的加达鲁尼亚省的话，这种话只有比利牛斯山一带的土著才说得出来，这就证明了他不是一个德国人。'为什么你不告诉他们你的真实身份呢？'事后我们问他。他说：'当时，我一心在想那个堡垒，以至于并不觉得自己的行为有什么怪异了。'"

常常一人单独去思考自己感兴趣的事情，便会渐渐养成专注的习惯，甚至可以像霞飞将军一样，思考得专注以至对于外界毫无知觉了。

许多人都爱嘲笑像霞飞、爱迪生、贝尔、弗鲁等这类人的怪异行为，他们被这些人称为心不在焉的人。但是这些心不在焉的人，因为全部心思都沉浸在某一问题上，并不认为自己做了异乎常人的事，实实在在说起来，他们的确不是异乎常人的。他们不过是对于自己认为有兴趣的事情，养成了一种极端专注思维的习惯。因为旁人对于这些事情并不感兴趣，所以不能懂得这种专注思维。

克利夫兰可以在开着门的办公室里办公。他有超常的思维专注能力，可以在一种喧闹的环境中旁若无人地工作，虽然许多人在外面走进走出，但并不会扰搅他。罗斯福在哈佛大学的同学也常常喜欢讲，罗斯福可以坐在一间充满了人的热闹的房里，打开一本书预备功课，而丝毫不觉得四周喧哗。

杰出人士罗斯福思维专注的习惯，是在年轻时候养成的，对于他来说，这个时候是最好的训练时机。有些人则是后来才养成专注习惯的。不管怎么说，重要的一点是，我们应当记得：能专注地思考问题以及对所做的事能产生兴趣，都不是先天具备的，而是后天养成的。

命运的挑战无处不在，要取得胜利就看你敢不敢迎接挑战，就看你对自己有没有信心，就看你能不能专注于你选定的事业，一直坚持到底。

只有敢于挑战且拥有专注思维精神的人才会有杰出的人生。

李阳现在已经成为中国的英语教育界杰出的人士，可是可能很多人还不知道，李阳原先"不过如此"。

李阳的过去是令他"不堪回首"的：

他少年时代是一个很内向的人，用最常见的话说"怕生"。他已经十几岁了，亲戚朋友还不知道李家有这样一个孩子，用"丑小鸭"来形容他是最恰当的。比如，只要听到电话响，他就会躲起来；他看电影之后，父亲总是要他复述电影的内容，为了不做这种他不愿意做的事情，他宁愿多年不看自己喜欢的电影。

有这样一个最典型的事例：有一次他患了鼻炎，父母送他到医院去治疗，在进行电疗的时候，医生不小心漏电烧伤了他的脸，由于害羞，他忍住痛苦，一直没有告诉别人，至今脸上还有一块小伤疤。

他说，小的时候最害怕的事情就是自己完成不了作业，因此，经常被老师罚站，每次都只好低声认错，可是第二天又故技重演……

值得庆幸的是，李阳多次向父母提出退学，可是父母在他心目中是有权威的，所以没有退成，勉强熬到了高中毕业，居然考上了兰州大学力学系——看来他并不蠢。可是就是在大学里，李阳还是浑浑噩噩的，没有改变自己的形象。按照学校规定，旷课70节就要被勒令退学，可是他很快就超过了100节，他因此差点被兰州大学请出校门。

那么，李阳的英语是不是特别好呢？

不是，谁能相信今天的英语教师当年曾经是连"60分万岁"都办不到、常常都要补考才能过关的人……

大学二年级的时候，他必须参加全国英语四级考试，否则学位证书就危险了。读大学为什么？不就是弄一张文凭吗？可是过不了四级……

这次他被逼上了梁山，不得不打起精神，每天早上都去学习英语。他本来是一个懒散惯了的人，如今要集中精力，那可不是一件容易的事情。为了集中精力，他干脆跑到兰州大学校园里的烈士亭上放开歌喉大声背诵起来。这一声大喊不要紧，喊出了李阳的灵感来了：这样不仅不容易思想开小差，效果还不错！

他就这样"吼"了几个星期，居然还"吼"出了信心！

胆子大了，他就去了学校的英语角，说出来的英语还居然像模像样的。知道他底细的同学都感到惊奇，急忙向他"请教"绝招。李阳此时已经隐隐约约地感到这可能是一种奇妙的办法，虽然说不出什么，但是他决心这样干下去。

从此以后，只要有时间，李阳就像疯子那样在烈士亭等地方专注地大喊大叫，不管是刮风还是下雨，不管是晴天，还是沙尘天。有时候，为了增加自己的胆量，他居然穿着46号的特大美国劳工鞋、肥大的裤子、戴着耳环，在全国重点大学的兰州大学声嘶力竭地喊叫。

不管别人怎么看他，他就是我行我素：他就这样复述了10本左右英文原著，在四级考试中得了个第二。最令他恐惧的英语给他带来了成功的喜悦，他的疯狂故事就这样走出兰州大学，走出甘肃，走向全国。

李阳有一句格言："我喜欢丢脸！"李阳的经历就是一个放下面子的经历。

李阳本来是天生内向的，是一种封闭的性格。为了挑战自我，他以英语为媒，专注于英语突破，这是他走向杰出人士的一步：他把自己学习英语的心得体会写成了很多页演讲稿，准备拿到演讲场里去，美国社会学家曾经进行过这样的调查，世界上人们最怕的就是当众讲话。他很想突破自我，所以他决心去演讲，面对全校的人。他请同学帮自己把海报贴出去，说是有一个叫作李阳的人要搞一个英语讲座……

那天晚上，李阳简直"紧张得要吐"（李阳语），可是他还是上台了。他虽然是气喘吁吁的，但是终于坚持下来了：演讲获得了意想不到的成功！李阳就这样讲出去了，一讲就是几十场，他因此成了校园名人。

他现在的目标是什么：让3亿中国人说一口流利的英语！当然也可以大大赚一笔钱。

他的成功就在于对英语充满了乐趣，尽管最初不是心甘情愿的。

命运本身就是一种挑战，要突破它就看你敢不敢迎接挑战，是否专注于你所选定的事业，这是你能否走向杰出人生的关键一步。

一事能狂便可跳出思维的圈子

杰出人士之所以有卓著成就是因为他们能专注于自己喜欢的事业。所以，在人生学习过程中，只要选定自己的强项，并专注于它，你就一定会成功。

成功的路有千万条，一个人只有走上了适宜自身发展之路，方可成功。如何寻找这条路？可从自身兴趣入手。根据个人兴趣选择属于自己的目标，才能够激发自己的潜在能力，为此奋斗，走向成功。兴趣是成功者十分珍贵的情感。有了兴趣，思维才能专注，因此，往往也就能成功。哥白尼从小就向往"星空跟人交朋友"；哥伦布自幼就渴求探索"世界秘密"；法布尔为了观察蚂蚁，可以在地上从早趴到晚；达尔文竟然把甲虫放入口中咀嚼；珍妮·古多尔愿在林中与猩猩做伴10年；法拉第甘当戴维的仆人；徐霞客九死一生还勇往直前；诺贝尔被炸得血流满面却兴高采烈；牛顿终身未娶也不以为憾；居里夫人冒死提纯镭……数不胜数的名人逸事在我们面前展现出兴趣而专注的巨大魅力。

怎样才算有兴趣呢？一般来说，干有趣的事有三种心情：一是心甘情愿，二是兴奋、愉快，三是引人入胜。杨振宁博士对一份杂志说他整日"沉思苦想"很不以为然。他说："什么叫苦？自己不愿意做，又因为外界压力非做不可，这才叫苦。……物理学的吸引力是不可抗拒的。如果一个人觉得搞得很苦，他应该考虑是否选择这个方向，是否应该再搞下去。兴趣过于广泛无疑是不足取的，但成功者却大多是兴趣广泛的人。"培养兴趣首先要发现兴趣，因此，要尽可能早地开阔视野，伸出多向触角，充分利用各种条件和机会进行探索性实践。尤其在青少年时代，应当大力提倡什么有益的事都去试一试，比如看看书、写写诗、练练字、作作画、弹弹琴，玩玩球、下下棋、解解题、做实验、搞发明等。一旦发现了对自己来说十分有趣的事，就应当立即估量目标的要求与自己的需要、可能、特长之间的距离。距离过大实难弥补的，要果断舍弃。虽有差距但可缩短的，就要勇敢地去拼搏。

因此我们在学习过程中，只要选定自己的强项，思维专注地去学习攻克，就一定会成功。

杰出人士爱迪生在幼小时就喜欢搞一些小发明，不管在多么艰苦的条件下，他都要不停地搞小实验，专注的精神使他最终成为最伟大的发明家。在他的身上我们就看到了专注的推动力是多么巨大。他的专注推动了世界文明的巨变，试想如果让爱迪生去干他不愿干的工作，能有如此的效果吗？

鲁迅起初是个学医的，如果鲁迅不是执意弃医从文的话，医学界可能就多一个普通的医生，而中国近现代文学史上就会因此而少一位文学巨匠。

知识的更新速度日渐加快，但总有一项适合你。我们虽只有一个地球，但学习和发展目标却有千万种，找到自己的切入点，以正确的学习态度去给自己的宏图伟业充电，以专注的态度去接受新学问和新知识的挑战，那是人生旅途中的一种乐趣。

但在现实中也有很多漫无目的的学习者，对什么都很感兴趣，但却又没有一门能精通的，这是一种很普遍的现象——知识盲目：今天看人家学医不错，就去购些医书乱看；明天又听说学表演的很时髦，就去购置一堆影视表演教材品读；后天又听说学电脑正时兴，就兴冲冲地又去购置电脑书。长此以往，漫无目的，缺乏专注思维的人最终将一无所成。

对自己最了解的就是你自己，只有自己能审视自己的目标、特长、爱好、发展优势、行为趋向等。俗话说"三百六十行，行行出状元"，何况现代新兴行业翻倍出现，准确把握好选择目标，有主攻方向，再有坚定必胜的信心，还有什么做不到的呢？

经过几次组装汽车的成功，福特在后来道路的选择上却遇到了难题。爱迪生工厂要以每月500元薪金和可分红利的条件聘他去做生产部门的总监，但附带条件是要专业专职，不得再分心研究汽车。而底特律汽车公司的董事长要请他去当工程师，但月薪只有200元。面临两种选择，福特认真地评估了自己，对自己热爱的事业和高薪两个方面做了全面细致的分析，最终决定选择自己当初选定的目标——汽车事业。

在与这家汽车公司合作期间，福特并没有放弃向更高目标发展的信心。他给自己设定了更远大的目标，决心戒除满足现状的惰性心理，积极地寻求和实现更宏伟的蓝图。

在1901年密歇根举行的汽车大赛上，福特将自己用近一年时间设计的26匹马力的赛车开上赛场，并以优异的成绩击败了上届赛车冠军温登，荣登冠军的宝座。

由于赛车的胜利，福特的名字一夜之间传遍美国。1903年，在各方的帮助和福特的努力下，一个给世界汽车行业带来巨大影响的福特汽车公司诞生了。

由此可见，如果福特当初在自己的小工厂里不再努力向前迈进一步，如果对自己的目标有点动摇不专注的话，那就不可能有今天的福特汽车王国。因此，认真对自己的爱好、信心、目标等诸多因素进行审视评估，并全神贯注地去做，去奋斗是十分重要的。

　　避免盲目选择目标，首先就应该在内心对所选目标做到单纯定位、明确要点、预知阻力、全力以赴、避免盲从，达到思维专注，走向成功。其次要达到目标，还需要具备坚持到底的专注决心。

发现自己的太平洋

　　人的生命力是顽强的、潜力是巨大的，一些人困于人性的弱点和思维局限的束缚，所以庸庸碌碌地走过了一生。杰出人士之所以能拒绝平庸，是因为他们做事非常专注，正是这种专注思想让他们突破束缚，突破极限，突破命运的樊笼，最终缔造了杰出的事业。

　　史蒂芬·史匹柏在36岁时就成为世界上最杰出的制片人，电影史十大卖座的影片中，他投资过的人占了4部。如此年轻就取得此等成就，他是如何做到的呢？他的故事实在耐人寻味。

　　史匹柏在十二三岁时坚定地认为有一天他要成为电影导演。事实上在以后的岁月里，他都一直专注于这个目标，从未放弃，直到成功。在他17岁那年的某天下午，当他参观环球制片厂后，他的一生改变了。那可不是一次不了了之的参观活动，在他得窥全貌之后，当场就决定要怎么做。他先偷偷摸摸地观看了一场实际电影的拍摄，再与剪辑部的经理长谈了1个小时，然后结束了参观。

对许多人而言，故事就到此为止，但史匹柏可不一样，他有个性、有思维，他知道他要什么。从那次参观中，他知道得改变做法。

于是第二天，他穿了套西装，提起他老爸的公文包，里头塞了一块三明治，再次来到摄影现场，装出他是那里的工作人员。当天他故意避开了大门守卫，找到一辆废弃的手拖车，用一块塑胶字母，在车门上拼成"史蒂芬·史匹柏""导演"等字。然后他利用整个夏天去认识各位导演、编剧、剪辑，终日流连于他梦寐以求的世界里。从与别人的专注交谈中学习、观察并发展出越来越多关于电影制作的敏感来。

终于在20岁那年，他成为正式的电影工作者。他在环球制片厂放映了一部他拍得不错的片子，因而签订了一纸7年的合同，导演了一部电视连续剧。他的梦终于实现了。

生活中，几乎每个人都有目标，但是一部分人对目标三心二意，这注定他们一生的平凡。另外一部分人一直专注于这个目标，孜孜不倦地追求着，这注定他们是杰出的。

再来看看杰出人士菲尔·强森的例子。他的父亲开了一家洗衣店，他把儿子叫到店中工作，希望他将来能接管这家洗衣店。但菲尔痛恨洗衣店的工作，所以懒懒散散的，提不起精神，只做些不得不做的工作，其他工作则一概不管。有时候，他干脆"缺席"了。他父亲十分伤心，认为养了一个没有野心而不求上进的儿子，觉得在他的员工面前丢尽了脸。

有一天，菲尔告诉他父亲，他希望做个机械工人——到一家机械厂工作。什么？一切从头开始？这位父亲十分惊讶。不过，菲尔还是坚持自己的意见。他穿上油腻的粗布工作服，去从事比洗衣店更为辛苦的工作，工作的时间更长。但他竟然快乐得在工作中吹起口哨。他选修工程学课程，研究引擎，装置机械。而当他在1944年去世时，已是波音飞机公司的总裁，并且制造出"空中飞行堡垒"轰炸机，帮助盟国军队赢得了世界大战。如果他当年留在洗衣店不走，他和洗衣店——尤其是在他父亲死后——究竟会变成什么样子呢？我想，整个洗衣店肯定就毁了——破产，一无所得。

菲尔·强森如果满足于父亲给他的现成的家业，就从这个眼前利益出发，去干洗衣店的工作，那么就不会实现他自己的长远目标，他就会成为千千万万的小小洗衣店的老板中的一员，就算经营得还可以养活自己的话。菲尔·强森没有受眼前利益的驱使放弃自己所喜欢的机械工作，他志在高远，所以，他选择了适合自己发展的事业并专注地去实践，于是他成功了。

一个人最理想的就是把自己喜爱的事情和专注的思维结合起来，但很少人能做到这一点，一部分人做到了这一点，所以他们突破了命运的牢笼，获得人生的成功！

杰出的演技派电影明星达斯丁·霍夫曼在"金球奖"的颁奖典礼上接受终身成就奖时，讲了一个真实的小故事。

30年前，有一次，他为《毕业生》那部电影做宣传，碰巧与音乐大师史达温斯基在同处接受访问。主持人问起史氏，何时是他一生当中最感到骄傲的时刻——新曲的首度公演？功成名就、掌声四起？史氏——否认，最后，他说："我坐在这里已经好几个小时了，这期间，我一直不断地在为我新曲中的一个音符绞尽脑汁，到底是'1'比较好？还是'3'？当我最后众里寻她千百度，蓦然发现那一个音符的一刹那，是我人生中最快乐、最骄傲的时刻！"霍夫曼说，他被大师那种心无旁骛的专注的精神感动得当场哭了起来。

如同伟大的作曲家心无旁骛、专注地寻找一个最能感动他的音符，不管是从事何种行业的人，都必须认识自己的潜能，确定并专注最适合自己的发展方向，否则就很可能会埋没了自己的才能。

汤姆逊由于"那双笨拙的手"，在处理实验工具方面感到很烦恼，因此他的早年研究工作偏重于理论物理，较少涉及实验物理，并且他找了一位在做实验及处理实验故障方面有惊人的能力的年轻助手，这样他就避免了自己的缺陷，努力发挥了自己的特长。珍妮·古多尔清楚地知道，她并没有过人的才智，但在研究野生动物方面，她有超人的毅力、浓厚的兴趣及专注的思维，而这正是干这一行所需要的。所以她没有去攻数学、物理学，而是进到非洲森林里考察黑猩猩，终于成了一位杰出的科学家。

要想像杰出人士那样成就一番伟大的事业，就必须具备他们那样的专注思维，每个人生来都是平等的，在生命的道路上你要专注于一项事业，去突破命运的樊笼。

专注思维成就自己的未来

勒韦是美国杰出的医师及药理学家，1936年荣获诺贝尔生理学及医学奖。

勒韦1873年出生于德国法兰克福的一个犹太人家庭。从小喜欢艺术，绘画和音乐都有一定的水平。但他的父母是犹太人，对犹太人深受各种歧视和迫害心有余悸，不断敦促儿子不要学习和从事那些涉及意识形态的行业，要他专攻一门科学技术。父母认为，学好数理化，可以走遍天下都不怕。在父母的教育下，勒韦进入大学学习时，放弃了自己原来的爱好和专长，进入斯特拉斯堡大学医学院学习。

勒韦是一位勤奋志坚的学生，他不怕从头学起，他相信专注于一的思维精神，必定会成功。他带着这一心态，很快进入了角色，他专心致志于医学课程的学习。心态是行动的推进器，他在医学院攻读时，被导师的学识和专心钻研精神所吸引。这位导师是淄宁教授，一位著名的内科医生。勒韦在这位教授的指导下，学业进展很快，并深深体会到医学也大有施展才华的天地。

勒韦从医学院毕业后，他先后在欧洲及美国一些大学从事医学专业研究，在药理学方面取得较大进展。由于他在学术上的成就，奥地利的格拉茨大学于1921年聘请他为药理教授，专门从事教学和研究。在那里他开始了神经学的研究，通过青蛙迷走神经的试验，第一次证明了某些神经合成的化学物质可将刺激从一个神经细胞传至另一个细胞，又可将刺激从神经元传到应答器官。他把这种化学物质称为乙醚胆碱。1929年他又从动物组织分离出该物质。勒韦对化学传递的研究成果是一个前所未有的突破，对药理及医学上做出了重大贡献，因此，1936年他与戴尔获得了诺贝尔生理学及医学奖。

勒韦是犹太人，尽管他是杰出的教授和医学家，但也如其他犹太人一样，在德国遭受了纳粹的迫害，当局把他逮捕，并没收了他的全部财产，取消了他的德国籍。后来，他逃脱了纳粹的监察，辗转到了美国，并加入了美国籍，受聘于纽约大学医学院，开始了对糖尿病、肾上腺素的专门研究。勒韦对每一项新的科研，都能做到思维的专注于一境界，不久，他这几个项目都获得新的突破，特别是设计出检测胰脏疾病的勒韦氏检验法，对人类医学又做出了重大贡献。

一个人的精力是有限的，如果分散开来，那么只能一事无成。如果聚集起来，就像集中在焦点之下的阳光，其能量是惊人的，那么还有什么样的事情做不成呢?

杰出的发明家爱迪生研究同时可收发四信的一组电器装置时，他是很少想别的事情的。有一天他去纳税，因为人多，大家都按次序等着。然而这时他的心思仍在想他的电器装置。忽然他听见坐在窗口的人问："你叫什么名字?"他才如梦初醒，茫然不知怎样回答，等他想出自己的姓名时，那位不耐烦的办事人，已开口叫他站到队伍的最后面去了。

勉强自己去对于一个问题专注是不可能，也是不会有什么成效的。你必须对它有兴趣，然后它才能占据你一切思想，以便使你的工作更有成效。

思维的专注便是对于某一问题养成了一种兴趣。例如，纽约谷物贸易银行的总经理弗鲁专注于一个问题时，他会忘了时间，几乎没有别的事能分散他的注意力，"有一个饭店的侍者，预备了一些特别好吃的东西，想讨弗鲁欢心，但是最后他却很无奈地说：'如果弗鲁先生在想事情，即使我装一盘纸去，他也会将它吃下的。'"

杰出的科学家贝尔有一次说："你应当把一切的思想都集中在所做的工作上。不是在焦点之下的阳光是点不燃什么东西的。"

集中精力的意思便是要排除大脑中一切无用的思想。大银行家基安里尼便印证了这一点。他说："我对于事业，只选我对之发生兴趣的部分去干。我是不会让我的大脑去装一些对我毫无用处的材料的。"

排除大脑中无用的思想，从而集中精力去专注地对付目前的事业，这确实是一种良好的习惯，可是，这种专注的思维习惯如何才能养成呢？

第一步就是要练习短时间的专注。几分钟的精力高度集中，比在环境不合适时强迫自己长时间地去专心，效果要好得多。铁路建筑家哈里曼说，他认为凡是可值得纪念的成果，都是短时间内极端专心的产物，在这段时间内，他认真思考问题的前因后果，趁着思想在高度集中的时候，得出结论来。趁自己的思想最专注的时候，去思考重要的问题，效果是非常好的。一天中什么时候最适宜，每个人各有不同，你可以实际地试验一下，找出一个最适合自己的时间。芝加哥医科大学的教务长比令兹博士说，他在早晨从来就不能好好专心，他多半的工作是在晚上单独一个人时完成的。而有些人则觉得自己只有在早晨思想才最清楚。

专注自己内心的梦想

专注就是对梦想要有锲而不舍的精神，这样才有可能成为杰出人士。

杰出人士德田先生是在日本大阪大学附属医院就诊时确定了要上大阪大学医学系学习的。这一目标定下来之后，他就立刻付诸实践。当天下午，他就到北野高中联系转学事宜，却没有成功，他没有放弃，第二天他又到今宫高中联系，结果联系成了，他马上回家向父亲表明转学的事，很高兴，征得同意，实现了他的第一个梦想。

德田是个认准了梦想就一往直前的人，大阪大学医学系毕业以后，他当上了医生。

在医院工作期间，德田对医疗界的弊端感触尤为深刻。他认为要想改革日本医疗事业的现状，就必须建立不受宗派势力支配的新型医院，并以此体现医疗的真正作用。

于是，德田先生决定自己办医院。目标一定下来，他就立刻行动起来。他既没有资金，也没有抵押品和保证人，一切都要从零开始。但是，德田先生没有被困难吓住，而是专注着为自己的梦想开始了奋斗。

1971年1月，德田先生开始有了正式创办医院的设想，从那时起，他用了3个月的时间，完成了对建筑用地的调查。

德田不仅从数字上掌握了大阪的单位人口与诊疗所及病床的比例、急救车的市郊出动率、住宅患者的循环周期等实际状况，而且还认真地听取了居民的呼声。通过详细的调查，他发现大阪府管辖的松原市与大东市是医疗网点最稀少的两个地区。

最后他把交通较为方便的松原市定为第一院址，开始征寻地皮。为此，他利用值夜班后的休息日和下班后的时间到处奔走。

到了5月，他在靠近铁南大阪线的河内天美车站的对面找到了一处非常适宜的地皮。

这不是准备出售的土地，而是一块卷心菜地。它位于铁路沿线，而且离火车站很近，人们在火车站就可以看见这个地方。作为医院的地址，条件很好，土地的主人也很通情达理，愿意把土地卖给他做医院。

可是，德田就连买地的订金都没有，现在最紧要的问题就是筹措资金。

在德田的建院计划里，地皮、建筑、设备、医疗器械等在内，预算总额为1.6亿日元。可是德田既没有私人资金，也没有可抵押的东西，连个有钱的保证人也没有。

他到银行贷款，没有人贷给他。这时他才恍然大悟，原来银行只把钱借给有钱人，而不给没钱人提供贷款。怎么办？如果贷不到款，虽然好不容易得到卷心菜田主人的照顾，一切还将化为泡影。

"我要办医院，我要办医院"，德田一边想，一边从这家银行跑到那家银行，四处奔波。可哪家银行都不愿为他贷款。德田深感无奈，但他想到或许有一家银行会贷款给他。于是他就抱着一线希望详详细细地拟订了一份建院所需1.6亿日元资金的收支计划，一直忙到深夜。

可能，也许是德田的诚心感动天地了吧。8月的一天，当他无意中翻开报纸时，突然有一则消息跳入了他的眼帘，内容是关于"尼克松冲击"问题。仿佛只是这则消息使用特大沿字排印似的，紧紧地吸引着他的视线。

报纸上说，这个"尼克松冲击"将使金融也发生急剧变化，用户对资金的需求，可望有所缓和。由于设备过剩，大企业不大可能继续向银行借款，银行方面认为将余资通融给中小企业不大保险，这样一来，贷款的对象就会大大减少。

"这是个极好机会！"于是德田又开始每天去银行，连新设的支行都找遍了。因为新设的支行业务较少，说不定对德田的话感兴趣。

德田终于在新设的支行中，找到了一家似乎有点指望的银行。他立即把建院的收支计划递了过去。在计划里不仅注明了单位人口所需床位数，包括现有床位数、不足床位数、外地患者住院人数，还注明了请求保险菜单的单价、设备、偿还等筹款项，连当地居民的生活状况也写得详细具体。

"就是银行调查也没有这么详细的。"对于德田那详尽的资料，银行方面也感到惊讶。

因为对方所需要的各种数据，在德田那份随手提出的计划里，可以说是应有尽有，绰绰有余。也许是同意这份计划吧，关于贷款的交涉进展得颇为顺利。也就是说，那时，德田抱着一线希望，毫不灰心制订的计划起了作用。到了这年年底，德田终于得到了购买地皮用的16亿日元的贷款。

毫无疑问，假如当初德田凭着自己一知半解的知识断定："我没有私人资金，银行绝不会贷款给像我这样的人。""至少等我把私人资金储到1/3以后再同银行进步交涉，只能把设想先搞到这儿为止了。"如果这样考虑的话，恐怕直到10年后，医院也建立不起来的。正因为德田立即付诸行动，所以仅用了一年时间就达到了目标。打定主意之后，德田就立即行动，边实践边吸收有关知识。这些知识是他亲身体验过的，所以才在创建医院的过程中起了很大作用。自古以来人们常说，失败是成功之母。因为失败往往是身体力行过程中的失败。

　　毫无疑问，德田先生是一个为了理想而专注着且锲而不舍奋斗的人，正是这种专注的精神促使了他在事业上的成功。立即行动的能力和善于安排行动计划的能力对个人成功都是非常重要的。缺少这种能力，纵使你的目标再好，最终也难以达成。

学会突破生命的极限

每个人都想突破命运的樊笼，从而走向成功，但是真正能够做到这一点，走向成功的人又实在不多。

只有那些意志坚强的人，那些遇到困难绝不轻言放弃、专注于自己梦想的人，才有可能成为杰出人士，获得成功。

著名的南非黑人领袖曼德拉就是一位认准了目标就绝不轻言放弃的人。他的成功就是因为他有着超人的意志和专注的精神。

曼德拉出身于滕希人王族。他的父亲是滕希人大酋长的首席顾问，按照他父亲和大酋长的意愿，是要把他培养成酋长。

在他22岁时，他认识到自己要被培养为酋长，而他却已下定决心决不做统治压迫民族的事。他逃跑了，他以此来避免将来担任酋长，他梦想成为一名律师。

对他的政治态度影响极深的是他在约翰内斯堡的日子，在这个城市生存的熔炉里，他看到了白人和黑人生活的鲜明对照。白人生活在宽阔的市郊，到处是繁荣兴盛的景象。可是非洲人——土著人却被限制在许多"郊区土著人乡镇"和城市贫民窟里，这里居住拥挤，条件极差，还不时地受到警察的搜查。

黑人严峻的生活环境和被曼德拉称为"疯狂的政策"的种族隔离，使曼德拉开始了一生为黑人解放而进行的斗争。

曼德拉参与"青年联盟"，领导全国蔑视运动，组织黑人进行对白人的斗争。

1952年，曼德拉因领导全国蔑视种族隔离制度而被捕入狱，获释后，他继续坚持斗争。他多次被捕。

1962年，他以莫须有的"叛国罪"而被判为终身监禁。面对监禁，他说："在监狱中受煎熬与监狱外相比算不了什么。我们的人民正在监狱外受难，但是光受难还不够，我们必须斗争。"他没有妥协，没有退缩，在狱中坚持斗争。他拒绝南非当局提出的释放条件——只要放弃斗争就给他自由，他说："我的自由同南非人的自由在一起。"

曼德拉，曾被南非当局监禁28年，但他对理想的追求矢志不渝。他以非凡的经历，传奇的色彩，顽强的专注意志，超人的魅力，成为南非黑人民族解放的象征，为全世界所瞩目和尊敬。

曼德拉本可以担任酋长，可以做律师而享受好生活。而他却把南非黑人的民族解放斗争当作终生的事业，这种无限的忠诚给了他奋斗的勇气，也使他在人民心中享有崇高的威望。

在现实生活中，你的健康可能会受到许多外部力量的影响。然而，不论受到哪一方面的影响，我们都应清醒地认识到，自己还活着，活着本身就是一种胜利。我们应该尝试学会用我们专注的力量，去突破命运的极限。

杰出人士培根说："人的肉体和精神之间确实有着关联，造物主在其中一方面出错，它会给予另一方面以冒险的勇气。"因为正是那些内外的因素，时刻地激励人们，去挑战、去战斗、去解放自己。

杰出人士罗斯福是美国连任三届坐在轮椅上的总统，他说："我本是体弱多病的孩子，因为能够注意锻炼身体就日趋健康，精神便日渐充沛，所以做事必能达到目的。"这不仅是健康的伟大创造力，还有他那充满专注成功的信念。《圣经》的有关章节中曾提到"最实用的成功经验"，那就是"坚定不移的专注力能够移山"。可是真正相信自己能移山的人并不多，结果，真正做到"移山"的人也不多。希望不等同于专注力，你无法用希望来移动一座山，也无法靠希望来实现你的目标。但是，拿破仑·希尔告诉我们：只要有专注力，你就会赢得成功。专注力是成功的秘诀。拿破仑·波拿巴曾经说过："我成功，是因为我志在成功。"如果没有这个目标，拿破仑·波拿巴必定没有毅然的决心与专注力，那么"法兰西第一帝国"也会与他无缘的。

专注力的力量是惊人的，它可以改变恶劣的现状，造成令人难以相信的圆满结局。拿破仑·希尔认为："专注力是'不可能'这一毒素的解药。有方向感的专注力,可令我们每一个意念都充满力量,当你有强大的专注力去推动你的成功的车轮,你就可以平步青云,无止境地攀上成功之岭。"克服眼不能看,耳不能听,嘴不能说三重痛苦,终于致力于社会福利事业,被称为"奇迹人"的海伦·凯勒成功的一生,无疑是这句话的最好的印证。

海伦在19个月大的时候一场疾病使她变成了盲聋哑儿童,残疾的她在家庭教师安妮·沙莉文女士的教育下,不仅学会了说话,还学会了用打字机著书和写稿,并作为第一个受到大学教育的盲聋哑人,以优异的成绩毕业。她虽然是位盲人,但读过的书比视力正常的人还多,而且她还著了7册书,她比正常人更会鉴赏。这个克服了常人"无法克服"的残疾的人,其事迹在全世界引起了震惊和赞赏。

对此,美国作家马克·吐温评价说:"19世纪中最值得一提的人物是拿破仑和海伦·凯勒。"因为他们都是凭借自己"对成功信念的专注力"突破了生命的极限,获得了常人无法获得的成功。

人生本来就是这样,只要专注于某件事奋斗下去必定成功;每个人都可以突破自己生命的极限,只要你具备专注的毅力和意志,你就会实现自己的梦想。

3

Chapter 3

努力使思维变得更灵活

世事无常，要学会以退为进

世事变幻无常，恐怕没有人能够一帆风顺、四平八稳地过上一辈子。每个人都会遇到这样或那样的坑坑洼洼，曲曲折折。所以，当问及那些已经取得了成功的人们时，我们会有这样一个发现：在他们通往成功的道路上，必须要适时地灵活变通，否则就连通往成功的路途也会变得崎岖难行。在这一章，我们就和大家探讨学会变通，懂得灵活的十个关键思维。

听过这样一句话："逞强"只是一时之勇，每个人都能做到。"示弱"却是一种境界，需要的是勇气和智慧。每个人都有自己的强项和弱项，以强凌弱，非君子风范。主动示弱，可趋利避害。所以，"示弱思维"是一种以退为进，在败中求胜的智慧。

当然，示弱的不一定都是弱者。身为强者，屈身示弱，无论自己还是别人，都能有所收获。强者以弱者的谦虚谨慎姿态行事，别人也乐意接受。如此，强者更强，而弱者也容易从中获得慰藉，从而在心平气和中自觉地向强者学习，有所进步。

在现代的社会竞争中，很少有人会想到以退为进，或者想到了也觉得有股窝囊气。然而，能屈能伸，方是英雄。终究大家最看重的还是谁能笑到最后，谁能笑得最好。

在商场上，如何与对手谈判，如何能够游刃有余地控制整个局势的走向，也需要有以退为进的思维。无论是什么样的战场，"退一步，进两步"，以退为进，绝对算得上是从容不迫的一个制胜策略和技巧。

曾有一位记者去拜访一位企业家，目的是获得有关他的一些丑闻资料。然而，还来不及寒暄，这位企业家就对想质问他的记者说："时间还早得很，我们可以慢慢谈。"记者对企业家这种从容不迫的态度感到特别意外。

不多时，秘书将咖啡端上桌来，这位企业家端起咖啡喝了一口，立即大嚷道："哦！好烫！"咖啡杯随之滚落在地。等秘书收拾好后，企业家又把香烟倒着放入嘴中，从过滤嘴处点火。这时记者赶忙提醒："先生，您将香烟拿倒了。"企业家听到这话之后，慌忙将香烟拿正，不料又将烟灰缸碰翻在地……

在商场中趾高气扬的企业家出了一连串的洋相，使记者大感意外，不知不觉中，原来的那种挑战情绪完全消失了，甚至对对方产生了一种同情。这就是企业家想要得到的效果。整个过程其实是企业家一手安排的。因为，当人们发现杰出的权威人物也有许多弱点时，过去对他抱有的恐惧感就会消失，而且由于受同情心的驱使，还会对对方产生某种程度的亲切感。

赢家以退为进，最终会赢得他们想要的一切，输的人当看到对方示弱的时候，心理上可能会占有优势，但是从长远来看，真正的优势是谁的，明眼人一目了然。

澳大利亚有一个故事，说烈性的野马一般生命较短，因为它们难以被驯服，所以人们只能将它们杀来食肉，而那些肯"示弱"的野马，因为较易驯服，往往能够在赛场夺冠而被人类精心饲养，所以能够活得很久。

植物也常常是通过"示弱"获得生长的机会：一堆石子堆在地上，恰好把小草压在了下面，小草为了呼吸新鲜空气，享受温暖的阳光，改变了直长的方向，沿着石头间的缝隙，弯弯曲曲地探出头，冲出了乱石的阻隔。在重压面前，小草选择了弯曲、选择了示弱，而正是这种选择，才使它们能生机盎然。人也是一样，一个真正甘心"示弱"的人，必是一个豁达大度、宽宏大量的人，一个充满人情味、充满智慧的人，一个处世浅浅却悟世深深的人。

瑞典的登山名将克洛普就是这样一个人。1996年春，他骑自行车从瑞典出发，历尽千辛万苦，来到了喜马拉雅山脚下，与其他12名登山者一起准备攀登珠峰。但在距离峰顶仅剩下300英尺时，他发现按照进度还需要45分钟才能登上珠峰顶，但这就不能在他预定的安全时间——在夜幕降临之前返回。于是，他毅然决定放弃此次登峰行动，反身下山。

而与他同行的另外12名登山者却无法认同他的明智决定，继续向上攀登，虽然最后他们大多数到达了顶峰，但最终却因错过了安全时间而葬身于暴风雪中，让人扼腕叹息。而克洛普经过对恶劣环境的适应，在第二次征服中轻松地登上了峰顶。可以想象，如果克洛普也一味地执着，不顾一切地去实现目标，那么将遭遇与同行者同样的结局。但是他学会了示弱，学会了审时度势，把握全局，以小忍换大谋，以退为进，最终实现了自己的愿望。

曾经看过这样一个给人以启示的应聘实例，每个人在应聘自己意向中的单位时，往往在自己的简历上恨不得把所有的优点、经历都罗列上去，以展现自己的优秀。但是有这么一位大学毕业生，在自己的简历上写下了自己"不太合群"的弱点。在有些人看来，这是难以理解的。然而，意想不到的是，招聘单位反而录取了他。

在招聘单位看来，这位大学毕业生能实事求是说出自己的个性弱点，恰恰是其诚实守信的表现。对一个单位而言，这是一种难能可贵、必不可少的素质。能认识到自己的缺点，这说明还有可以改进的空间，但假如不能正视自己，恐怕谁也无法帮他在事业的前进道路上开辟航路。这个毕业生主动向用人单位示弱，有意暴露自己在某些方面的弱点，却得到了自己想要的东西，从这个意义上说，示弱不也是一种人生智慧、处世哲学吗？

赫蒙是美国有名的矿冶工程师，毕业于耶鲁大学，又在德国的佛莱堡大学拿到了硕士学位。可是当赫蒙带齐了所有的文凭去找美国西部的大矿主赫斯特的时候，却遇到了麻烦。那位大矿主是个脾气古怪又很固执的人，他自己没有文凭，所以就不相信有文凭的人，更不喜欢那些文质彬彬又专爱讲理论的工程师。

当赫蒙前去应聘递上文凭时，满以为老板会乐不可支，没想到赫斯特很不礼貌地对赫蒙说：“我之所以不想用你就是因为你曾经是德国佛莱堡大学的硕士，你的脑子里装满了一大堆没有用的理论，我可不需要什么文绉绉的工程师。”

聪明的赫蒙听了不但没有生气，反而心平气和地回答说：“假如您答应不告诉我父亲的话，我要告诉您一个秘密。”赫斯特表示同意，于是赫蒙对赫斯特小声地说：“其实我在德国的佛莱堡并没有学到什么，那3年就好像是稀里糊涂地混过来一样。”想不到赫斯特听了哈哈大笑，说：“好，那明天你就来上班吧。”就这样，赫蒙运用了“必要时不妨示弱”的策略轻易地在一个非常顽固的人面前通过了面试。

也许有人认为赫蒙那样做不太合适，但我们所强调的是能不能做到既没有伤害别人又能把问题解决。就拿赫蒙来说，他贬低的是自己，他自己的学识如何，当然不在于他自己的评价，就是把自己的学识抬得再高，也不会使自己真正的学识增加一分一毫，反过来，贬得再低也不会使其减少一分一毫。

　　总之，为了今后能够以退为进，败中求胜，有时候，我们就应该学会用示弱的思维解决问题。你要知道，笑到最后，才能笑得最好。

围魏救赵，避实就虚

"围魏救赵"的战术想必大家耳熟能详。齐国为了解救被魏国围攻的赵国，不是直接去前线和魏军交战，而是绕道去进攻魏国的大本营，不损一兵一卒还能逼迫魏军撤退。这一招避实就虚出奇制胜就是典型的迂回思维的表现。

在现实生活中，当你在解决某个问题的思考活动中遇到了难以消除的障碍时，可谋求避开或越过障碍来解决问题，让思维过程适应问题的发展，根据实际情况与需要，在一定时间内暂时离开直线轨道，转入一个曲折蜿蜒、绕道前行的阶段。

马铃薯原本生长在美洲，它的块茎具有很高的营养价值，而且它的产量相当高，既可以当粮食吃，又可以当蔬菜食用。法国农学家巴蒙蒂埃来到美洲发现了这种植物，他对马铃薯做了非常细致的研究，最后肯定其具有很高的种植价值，于是就带了一大袋回到法国，想要在法国推广种植这种农作物。

回到法国后，他就在各大报刊上刊登了这种农作物的好处和种植方法。但是法国人民因为早就形成的种植习惯以及对新事物存在的偏见，没人愿意种植这种从来没有见过的植物。有些迷信的农民认为，马铃薯其实是一种魔鬼的苹果；保守的医生则认为，人们一旦吃了这种奇怪的东西，身体就会受到伤害，很有可能会因此而丧命；固执的土壤学家认为，一旦将这种奇怪的植物种入土壤之中，那么土壤的肥力就会被这种植物吸收而最终枯竭。无论这位农学家如何奔走，如何热情地呼吁，就是没有人愿意种植，于是马铃薯在法国依然得不到推广。

后来，这位农学家想出了一个办法，他故意请求国王派出一队卫兵帮助自己看守马铃薯种植园，不允许任何人采摘它的一片叶子。消息传出后，人们都很好奇，附近的农民白天躲在不远的地方偷偷观看巴蒙蒂埃怎样耕种，怎样锄草，怎样施肥。等到了晚上，卫兵们离开休息时，附近的农民就偷偷溜进种植园将马铃薯挖出来，带回家偷偷种植。

后来更多的人了解到这种植物，就向巴蒙蒂埃讨要马铃薯的种子，然后带回去自己种植。就这样，一传十，十传百，没几年工夫，这种大众作物就传遍了整个法国。

农学家利用迂回的方式，让国王的卫兵看守马铃薯种植园，从而引起人们的好奇，激发他们的猎奇欲望。老百姓觉得，只有最好的东西才会用卫兵去看守，这种能口口相传的口碑效应远比现在的电视广告还有效，而马铃薯也在很短的时间内就在法国推广开来。

很多新事物初次来到人们的面前时，总会因为人的守旧习惯而遭到排斥。

当美国GE公司率先将自动洗碗机摆在电器商场的货架上后，没想到竟然会遭受冷遇。为了推广这个全新的科技产品，公司的经营策划者们也巧妙地运用迂回的思维方式。

经过一番广告宣传之后，自动洗碗机依然不能引起大众的兴趣。顾客是"上帝"，他们不购买新产品，总不能强迫他们认购。在无可奈何的情况下，公司只好请教市场营销专家，看他们有何金点子。专家们经过一番分析推敲，终于悟出一个新办法：建议将销售对象转向住宅建筑商。

建筑商并不是洗碗机的最终消费者，他们乐意购买吗？当人们对洗碗机评头论足时，建筑商则不屑一顾，他们对任何东西都拿经济利益这把尺子来衡量。当GE公司公关人员对建筑商一阵"如此这般"之后，建筑商同意做一次市场实验。他们在同一地区，对居住环境、建筑标准相同的一些住宅，一部分安装有自动洗碗机，一部分不装。结果，安装有洗碗机的房子很快就卖出或租出去了，其出售速度比不装洗碗机的房子平均要快两个月。这一结果令住宅建筑商感到鼓舞。当所有的新建住房都希望安装自动洗碗机时，GE公司生产的自动洗碗机便迎来了"柳暗花明又一村"的局面。

我们可以发现，当公司将洗碗机直接向家庭顾客推销而效果不佳时，公司转而将洗碗机安装在住宅里，借助房产销售卖给了家庭用户，结果如愿以偿。这种借助"第三者"的介入进行过渡思考的迂回思维，使GE公司大获全胜。

不只是生意场需要有迂回思维，比赛场上靠迂回思维取胜的例子也是相当的经典。20世纪70年代的时候，欧洲篮球锦标赛上出现了一场令人叫绝的比赛。

保加利亚队和捷克斯洛伐克队争夺小组出线权，两组都发挥得很好，比分交错上升。到临近终场结束的时候，捷克斯洛伐克队才领先保加利亚队2分。按照比赛出线的规定，出线一方必须胜出另一方8分。

看到这里，人们都觉得没有必要看了，两个球队都出不了线了，于是纷纷站起来准备离场，捷克斯洛伐克队队员也对出线丧失了信心，而保加利亚队则暗自高兴："我出不了线，你也别出线！"就在这个时候，捷克斯洛伐克队教练立即叫停，然后给了队员一个指导。等开打哨声一响，捷克斯洛伐克队队员竟然出人意料地将球投进了自己的篮筐，造成了平局。按照规则，平分时要进行加时赛。

在加时赛中，捷克斯洛伐克队队员越战越勇，很快就比保加利亚队高出了8分，最终获得了出线权。在场的观众都热情地欢呼，深深佩服捷克斯洛伐克队教练的智慧。

　　捷克斯洛伐克队在只领先保加利亚队2分的情况下，为了争取到出线权，往自己的篮筐中投球，造成平局，然后利用加时赛的机会赢得了出线权，这样大胆利用比赛规则的迂回战术在世界体育史上几乎没有，不得不让人佩服。

　　迂回看似走了弯路，但实际上这种曲线救国的路径才往往是最佳的捷径。只要目标是向着前方的，巧用迂回战术，避开直面的障碍并最终走向成功，又有什么不对呢？

困境中蕴藏着转机

中国古人就知道用辩证的思维来看问题。老子说，祸兮福之所倚，福兮祸之所伏。人生在世，就像海水一样，有涨有落，有起有伏。要想保持一颗平常心，在命运低谷的时候不垂头丧气，在春风得意的时候不趾高气扬，就得学会用辩证的思维来看待万事万物。

比如说，当面对失败和困境时，要想到它们也并不都是坏事，就算是危机重重，也是有可能在其中蕴含着转机的。

几十年前，美国移民潮风起云涌。一个叫迈克的年轻律师，在移民集中的小镇，成立了一个律师事务所，专门受理移民的各种事务和案件。创业之初，尽管他每天忙碌，但仍然穷得连一台复印机都买不起，他整天开着一辆破车，来往于移民之间，尽自己的所能，真诚地给移民提供帮助。条件虽然艰苦，但是他并没有因此而放弃自己的事业，而是用一颗乐观的心态看待这一切。后来，随着迈克律师事务所在当地小有名气，财富也接踵而来，他的办公室扩大了，并有了自己的雇员和秘书。

　　正当他的事业如日中天，因一念之差，他将所有的资产都投资于股票，并且几乎亏尽。更不巧的是，由于美国移民法的修改，职业移民数削减，他的律师事务所也门庭冷落，近于破产。在这种情况下，虽然他不知道自己的下半生如何度过，但是他并没有长吁短叹、感叹人生无常，而是积极地寻找工作机会，想要再次成功。就在这时，他收到了一位公司总裁寄来的信。信中说他愿意把公司30％的股份无偿赠送给迈克先生，并且旗下的两家公司，随时都欢迎他做终身法人代表。

　　迈克觉得这是件很蹊跷的事情，他应该弄清楚究竟。于是他去找公司的老板，老板对他说："20年前，我来到美国时，准备用身上仅有的5美元去办理工卡，但当时我不知道工卡已经涨到了10美元。当轮到我的时候，办事处已经快下班了，但当天如果我没有办上工卡，那么我在公司的位置将会被别人顶上，而此时你从身后递过来5美元。当时我让你留下姓名、地址，以便日后把钱奉还，现在我就是特意向您致谢的。"

　　其实，人生在世，期盼人身安全、工作安稳、生活安定是天性，是本能。虽然每个人都不想遇到危机，但人人都不可避免会有各种各样的困境。因此，唯一的办法就是辩证地看待问题，正确对待危机，提高解决危机的素质和本领。无论何人，只有经过拼搏走出危机之后才会发现，自己要比想象中伟大、坚强、智慧得多。汽车大王亨利·福特在成功之前，因经商失败，也曾破产过，但他却说："其实，失败只是提供更好的起步机会。"

你玩过"大富翁"游戏吗？它的发明人达洛是一个失业在家的暖气工程师。1935年，达洛把游戏的最初版本寄给一家玩具公司，可公司拒绝了他，因为游戏里有52个错误。可是达洛并不气馁，他一再尝试，一一修正错误。后来这个游戏风靡全球，制造商每年印的大富翁钞票远远超过美国官方每年所印的美钞。

你吃过比萨吗？1958年，富兰克·卡纳利在自家杂货店对面经营了一家比萨饼店，筹措他的大学学费。19年之后，卡纳利卖掉3100家连锁店，总值3亿美元。他的连锁店叫"必胜客"。

对于其他想创业的人，卡纳利给他们同样的忠告："你必须学习失败。"他说："我做过的行业不下50种，而这中间大约有15种做得还算不错，那表示我大约有30%的成功率。如果你不能确定什么时候会成功，就必须先学会失败。"

失败只是一个过程，并非最终结果。成长是一个"错了再试"的过程，失败的经验和成功的经验同样可贵，关键是看你能不能用辩证的思维来看待失败，能不能从失败的边缘爬起来，找到通向成功的另外一条路。

美国家居仓储公司首席执行官伯尼·马库斯在年轻时，每次到教堂祈祷，都会许愿。

一天，在教堂门口，一个老人家问他："这么多年，你向上帝许了很多愿，实现了几个？"

他说："第一年，我许愿，希望母亲的病好起来，6个月后母亲还是去世了；第二年，我许愿，希望我能够在大学入学考试中顺利过关，可一场突如其来的病，打碎了我的梦想；第三年，我许愿，希望娶一个漂亮的妻子，后来，我娶了一个眼睛较小的妻子；第四年，我许愿能有一个儿子降生，妻子生的却是一个女儿……"

老人家奇怪地问："那你为什么每年还来许愿？"

马库斯说："我的母亲虽然去世了，但是，比医生估计的多活了3个月，终日有人相伴病榻边，临终时，她很满足；我虽然错过考试，后来，在一个工程师手下打工，也学到不少实际知识；妻子虽然不漂亮，但很聪明，善于出谋划策，是我的得力助手；虽然妻子生了一个女儿，但是她乖巧可爱，相信有一天女儿会找一个好丈夫。我每年来许愿，虽然没有一个如我所愿，但是，每许一个愿，就是一个梦的诞生，就有一个希望。每一件不幸的事情发生后，我一定会从好的方面考虑，才能在不幸福的时候也不绝望。"

后来，马库斯凭着对梦想的渴望与追求，创造了奇迹。他所创办的公司由小到大，最终成为拥有近千家分店、十几万名员工、年销售额达数百亿美元的世界500强企业。

所以说，只要你懂得如何辩证地看待发生在你身上的厄运，你就可以轻而易举地战胜困难，获得成功，就像爱迪生发明电灯的故事，当他历经1999次失败后，有人问他："你是否还打算尝试第2000次失败？"爱迪生答道："那不叫失败，我只是发现哪些方法做不出电灯而已。"试想有这种积极向上的辩证看待事物的心，有不断努力的意志，还有谁能阻挡你的前进呢？

的确，经历就是一笔财富，这笔财富是别人给不了的，也是其他人模仿不来的，更是固守在一个小天地里得不到的，而人生是由无数次经历的积累而逐步走向成熟的。只有不断经历，不断尝试，才能不断成熟，不断完善。单一意味着平庸和浅薄，多一份经历就会多一次磨炼，多一次积累经验的机会。一次经历就是一份财富，让你受益终身。

总之，生活的主旋律是磨难与成长，生活的智慧也是逆境转化的不断积累。面对生活中的种种失意与挫折，你要学会辩证地看待问题，积极调节自我的心态，练就能屈能伸，能上能下的功夫。这是人生最大的财富。

注重差异化，另辟捷径

众所周知，事物都是运动的，事物之间也都存在着差异，而利用差异思维创新是一个动态的过程。随着社会经济和科学技术的发展，人的需求也会随之发生变化。昨天的差异化会变成今天的一般化，在商业竞争上尤其是这样。任何差异都不会永久保持，因此，出路就是只有不断创新，用创新去适应顾客的需要，用创新去战胜对手的"跟进"。

从前，有一个海岛，岛上有很多沉积多年的大颗珍珠，可谁也无法接近这个海岛，只有栖息在海岸附近的海鸟能飞过去。很多人慕名前来，带着枪支，捕杀飞回岸边的海鸟，因为这种海鸟每到白天都会飞到岛上去吃珍珠。时间长了，海鸟渐渐地灭绝，即使剩下的几只也过得胆战心惊。只要一闻到人的气息，看到人的踪影，就会早早逃走。

后来，来了一个商人。他在海岸附近买下大片树林，并在树林周围安上栅栏，不让闲杂人走进。同时，他严厉告诫他的仆人，不许在树林里捕捉或驱赶海鸟，更不许放枪。于是，当海岸其他地方的枪声一响，就会有海鸟在惊慌逃窜中不经意闯进他的树林。时间一长，海鸟都留在他的树林里栖息，它们也因此不必再为安全而战战兢兢。等海鸟在他的树林里逐渐安定下来以后，他开始用各种粮食、果实等做成味道鲜美的食物，撒给这些海鸟吃。海鸟贪吃，吃得很饱，就把肚中的珍珠全部吐了出来。商人再让仆人去捡。日复一日，这个商人成了大富翁。

在对待一些问题上，人与人的思维只存在一种看不见的细微区别。但是，差异思维产生的结果，却有着惊人的差别。这个商人后来之所以能成为富翁，正说明了这一点。

有一个加拿大人，其貌不扬，从小口吃，小时候因病导致左脸局部麻痹，讲话时嘴巴总歪向一边，还有一只耳朵失聪。尽管有这么多缺陷，可他不但不自卑，反而奋发图强，成了饱学之士，还能在演讲时恰到好处地利用诙谐、幽默的语言来弥补自己的缺陷，并不失时机提高嗓音，以达到理想的效果，最终他成了颇有建树的人。

1993年10月，他参加加拿大总理竞选。保守党心怀叵测地大肆利用电视广告来夸张他的脸部缺陷，然后问道："你要这样的人来当你的总理吗？"但是，这种极不道德的人身攻击却招致了很多选民的反感。他泰然处之，毫不隐讳自己的身体缺点，反而博得了选民的极大同情，最终成功地当选加拿大总理，并在1997年大选中再次获胜，连任两届。他就是让·克雷蒂安。

克雷蒂安就是这样一个善于用另外一种眼光来看待自己的人。要记住，只有自己用正常人的眼光看待自己，别人才能用正常人的眼光看待你。人的出身、门第和相貌无法选择，但我们可以选择自尊、自信、勇气和毅力。关键是要用差异思维，看清自己，切不可自怨自艾、妄自菲薄。正如一位诗人所说："揭下你的面纱，别让你的面纱隐蔽了最后的真理和快乐。"

能用差异思维看世界，是一种心平气和的领悟，也是一种心安理得的觉醒，更是一种心满意足的雅致。用差异思维想问题、办事情，就是要去关注差异，另辟捷径。就是不要老是用自己的凌厉的锋芒去评头论足，不要经常性地去否定一些看似不乐观的事情。因为这样做，容易对这个世界产生抵触心理，把本来阳光灿烂的美好很快地抹黑，而致使你对什么事情都反感。"锐角的眼睛"永远看不到天地的光明正大，也永远看不到周围的海阔天空，更看不到远方的似锦前程。

有这么一个故事：

一个小女孩趴在窗台上，看到窗外的人正埋葬她心爱的小狗，于是泪流满面，悲恸不已。她的祖父见状，连忙带她到另一个窗口，让她欣赏她的玫瑰花园。果然，小女孩的愁云一扫而光，心里顿时明朗。老人用充满智慧的语言对小姑娘说：

"孩子，你开错了窗户。"

　　的确，人生有喜有悲，有得有失，有欢乐，也有痛苦，就看我们如何去对待。有的人有了缺陷，便自暴自弃，悲观厌世。但有的人却能将缺陷转为优点，变为优势，化为财富。有一位演员叫斯格特，天生长了一只大鼻子，可以说是奇丑无比，但斯格特却很好地利用了这种缺陷，凭借它成为当时最受欢迎的明星，无论走到哪里，他的大鼻子都人见人爱。所以说，用差异的眼光看待事物，你往往能有全新的发现，获得不一样的人生。

　　其实，只要我们凡事换个角度，通过寻求差异找到适合自己的路，就是我们立身处世的最高境界。换个角度看人生，善待自己，自强不息，你将会赢得一个五彩缤纷的未来。

　　通过差异思维，换个角度看世界，是我们生活中的放大镜，可以时常照亮我们心灵的点滴瑕疵而使得我们能及时洗心革面；是我们生命里的润滑剂，可以时常圆润我们思维的灵通而使得我们赏心悦目；是我们人生的吹风机，可以时常吹散我们视线的迷茫彷徨而使得我们蓄势待发。

　　学会用差异思维去看世界，将是"世上无难事，只怕有心人"。从此你不会再抱怨世界的不公平，而是去辛勤耕耘人生的美丽后花园。从差异中找寻胜利前行的出口吧，这个找寻的过程，也会让你受益终身。

以柔克刚定能胜

　　拿商业谈判为例，人们普遍不太敢用退出来要挟对方，生怕谈崩了弄得鸡飞蛋打。所以，谈判老手都会不择手段地掌握对手的真正意图，等摸清了底牌，便掌握了谈判的主动权。这时再以什么方式取胜，就是技术问题了。美国前总统罗斯福就是一个深谙此道的人。

　　巴拿马运河最早不是由美国开凿的。19世纪末，一家法国公司跟哥伦比亚签订了合同，打算在哥伦比亚的巴拿马省境内开一条连通大西洋和太平洋的运河。主持运河工程的总工程师就是因开凿苏伊士运河而闻名世界的法国人雷赛布，他自以为这一工程不在话下，然而巴拿马的环境与苏伊士有很大的不同，工程进度很慢，资金开始短缺，于是公司陷入了窘境。

　　美国早在1880年就想开一条连贯两大洋的运河。由于法国先下手与哥伦比亚签订了条约，美国十分懊悔。在这种形势下，法国公司的代理人布里略访问美国，向美国政府兜售巴拿马运河公司，要价1亿美元。美国早已对运河公司垂涎三尺，知道法国拟出售公司更是欣喜若狂。然而，美国却故作姿态，罗斯福指使美国海峡运河委员会提出报告，证明在尼加拉瓜开运河省钱。报告指出，在尼加拉瓜开运河的全部费用不到2亿美元。在巴拿马开运河的直接费用虽然只有1亿多，但另外要付出一笔收买法国公司的费用，这样，开巴拿马运河的全部支出将达到2.5亿美元以上。

布里略看到这个报告后大吃一惊。如果美国不开巴拿马运河，法国不是一分钱也收不回了吗？于是他马上游说，表明法国公司愿意削价，只要4000万美元就行了。通过这一方法，美国就少花了6000万美元。

罗斯福又用同一计策来压哥伦比亚政府。他指使国会通过一个法案，规定美国如果能在适当时期内同哥伦比亚政府达成协议，将选择在巴拿马开运河，否则，美国将选择尼加拉瓜。

这样一来，哥伦比亚也坐不住了，驻华盛顿大使马上找国务卿海约翰协商，同意以100万美元的代价长期租给美国一条两岸各宽3公里的运河区，美国每年另外付租金10万美元。

可以看到，"欲进先退"的罗斯福，在谈判中成功地运用了这个思维，最后，美国只用了很少的代价，就得到了巴拿马运河的开凿权和使用权。

其实，不光是谈判，在我们的生活和工作中，只要你懂得进退思维，掌握好前进的节奏，你就会发现适时退让会让自己更轻松、更主动。相反，如果只知道一股劲向前冲，往往会欲速则不达。

老子曰："天下莫柔弱于水，而攻坚强者莫之能胜，以其无以易之。弱之胜强，柔之胜刚，天下莫不知，莫能行。"水可说是世界上最柔弱的，然而却能将坚硬的石头凿穿。以弱胜强，以柔克刚在自然界的例子比比皆是。烈风可以吹断几个人才能合抱的大树，却奈何不了一根细细的小草；铁锤可以砸碎坚硬的石块，但锤不坏绵软的棉花。柔性思维的强大之处，就体现在这里。

与柔性思维相对的是刚性思维，这是人的本能思维，遇到问题时喜欢冲动地直奔目标，就像一个有勇无谋的将军，在战场上只知道一味地向前冲杀，而不注意前面是否有陷阱。柔性思维是一种聪明的思维，就是永远在运动中认识事物，既包括思维内容的柔性，也包括思维方法的柔性。

从思维内容上讲，柔性思维强调万事万物都应以柔胜刚、以弱胜强，都应该学会守弱；从思维方法上讲，柔性思维强调辩证地、动态地、全面地、整体地看待问题。

柔性思维体现了一种思维模式，可以将其总结为守弱与应变之道。遇到问题时首先理清思路，然后再去解决问题，这包括用什么思维观念来考虑问题，从什么思维视角来观察问题，在什么思维层次来分析问题，等等。它就像是一个精通谋略的统帅，总是先分析判断战场目前的形势和可能产生的变化，然后再决定进退取舍，争取花最少的代价获得最大的胜利。

又是一年毕业时，大家都急着在离校之前找到合适的工作，小林也不例外。现在的社会竞争激烈，就业压力大，要找到一份合适的工作谈何容易？一天，他在网上看到一家外企招聘总经理助理的信息。这则信息上写明要求应聘者用英语书写一封求职信寄到公司，然后等待公司回复。他心想这是一次难得的机会，于是赶紧写了一封求职信邮了出去，然后在焦急不安中等待回信。

几天之后，他终于收到了这家公司的回信。这是一封拒绝信，信上写道："你完全不了解我们公司，在这样的情况下你还乱投求职信，无疑是在浪费我们的时间。你的英语求职信中，很多句子语法不通，单词拼写也是错的。我们是不会聘用你的，因为我们需要的是真正的人才。"

小林看了这封信后，心里很是不平。他想立刻写一封回信，用更恶毒的语言骂这个寄信人。但他又冷静地想了想："就算信中所用的语言是很过分，但我又怎么知道他说得不正确呢？对一个没有任何社会经验的大学生而言，我对他们公司肯定是不够了解的；作为一个在中国文化环境里学习英语的学生而言，英语书信中出现错误也是在所难免的，人家的批评并没有错呀。我不仅不应该骂他，反而应该写封信感谢他才对。"

于是，他怀着感激之情写好了一封感谢信。信中这样写道："浪费您宝贵的时间给我回信，我实在是感激不尽。我对在对贵公司的业务不了解的情况下就乱投求职信一事深表歉意。我的信上确实有很多语法错误，我也为我的英语水平不高深感惭愧。现在，我计划加倍努力地学习英语，提高自己的英语水平，减少错误的出现。谢谢您帮助我不断地进步。"

不久，他又收到回信，并且给了他那份他所应聘的工作。原来，公司是考虑到总经理助理的工作是一个很需要忍耐的活儿，假如不能应付各种压力，是难以胜任的。所以公司给每个人都回了相同的邮件，但是只有小林回复了，而且态度很诚恳，因此就把这个宝贵的机会留给了他。

这个故事告诉我们，针锋相对不如以柔克刚。倘若别人用非常恶毒的言语攻击你，你不妨冷静下来思考一下他的批评指责有无道理，从中发现对你有价值的东西，然后感谢他的无私帮助。如此以柔克刚，以宽容之心对待恶毒之言语，常常会收到意想不到的效果。一般人说，"人活一口气"，但那些真正有功夫的人，是把这口气咽下去。

当鸡蛋掉在石头上时，鸡蛋很容易破碎，而当皮球掉在石头上时，它会弹起而保持完好无损，这是在日常生活中一个很明显的例子。之所以如此，是因为皮球对强大的外力能以柔韧化之，而鸡蛋却不能，故有"以卵击石，自不量力"之说。这其中蕴含的就是我们所讲的柔性思维。以柔克刚，才能在强敌面前保全自己，直至成功。

在日常生活中，我们遇事要柔韧对待，对人更要柔性对待。俗语说："百人百心，百人百性。"有的人性格内向，有的人性格外向，有的人性格柔和，有的人则性格刚烈，各有特点，又各有利弊。

然而纵观历史，我们不难发现，往往刚烈之人容易被柔和之人征服利用，因此为职者需善于以柔克刚。因为大凡刚烈之人，其情绪颇好激动。情绪激动则很容易使人缺乏理智，仅凭一股冲动决定去做或不做某些事情，这便是刚烈人的优点，同时又恰恰是其致命的弱点。俗语说："牵牛要牵牛鼻子，打蛇要打七寸处。"以柔克刚，就是在耐心、信心、恒心、毅力上的角逐。在这些方面，谁占了上风，谁就是真正的胜利者。柔或刚，只是两者在比较时表现出来的表面形态，这里的刚，只是浮躁、虚张声势、经不起挫折的表现。而柔，则是虚怀若谷，因为对自己充满信心，胜不骄，败不馁，所以才有的表现。

一块巨石从高空跌落在一堆棉花上，会是怎样一幅情景？巨石虽硬，但也会摔得粉碎，棉花虽软，但被巨石砸到也不会有什么创伤。以己之长，可以克敌之短。若以刚克刚，则会两败俱伤。善于以柔克刚，才能在不伤自己的前提下获得成功。

以变制变，学会变通

记得小学课本上有一篇课文叫作《曹冲称象》，讲的是曹操想知道大象有多重，众人百思不得妙法，而年仅五六岁的曹冲想到了好办法。他把大象赶到船上，在船舷上刻上记号，然后用石头装船到记号处，称出石头的重量就得到了大象的重量。课文虽然简单，但却启发了我们一个人生重要的概念——变通思维。

花开花落，潮涨潮落。水无常形，人无常势，万事万物都在变化着，我们的思维也应懂得并善于"变通"。穷则变，变则通，通则明。只有变通思维，才能变不可能为可能。大音乐家莫扎特还是学生时，曾谱过一段曲子，但他的老师怎么也弹奏不了。原来那段曲子，即使用双手分别弹响钢琴两端时，也会有一个音符出现在键盘的中间位置上。而当莫扎特遇到那个需要"第三只手"才能弹奏的音符时，却不慌不忙地向前弯下身子，用鼻子点弹。莫扎特正是巧妙地利用变通思维，才化不可能为可能。

能否解决问题，与思考问题的方法十分重要。善于变通思维，就能找到解决问题的好办法。当你从一个方向思考问题容易陷入困境时，变通一下思维，从另一个角度思考，很可能得到意外的收获。

20世纪40年代，方块糖虽然用防湿纸包装，但是，密封纸张不管有多厚、有多少层，时间一长，方块糖仍会渐渐变潮，甚至发黄。各家制糖公司动员了不少专家，耗费了不少资金，就是找不到有效的防潮方法。

科鲁索是一家制糖公司的普通职员，因为每天都接触方糖，对方糖的性能很熟悉，工作之余，他也在琢磨着怎样才能够找到一个有效的防潮方法。可是，他尝试了很多方法都没有效果。这天，他异想天开地想，能不能反向思维尝试一下呢？于是，他在方糖的包装纸上打了一个洞，结果，空气的对流使得方糖受潮现象一下就消失了，终于解决了很多专家都头疼的问题。

可以说，很多我们生活中正在使用的必需品都是这么得来的，本来可能是废品一件，但生产者的思维一变，新的产品就会应运而生。我们现在用的卫生纸就是一个例子：

20世纪初，美国史古脱纸业公司买下一大批纸，因为运送过程中的疏忽，造成纸面潮湿产生皱纹而无法使用。面对一仓库将要报废的纸，大家都不知道如何是好。在主管会议上，有人建议将纸退还给供货商以减少损失，这个建议几乎得到了所有人的赞同。

而史古脱却不这么想，他认为不能因为自己的疏忽而给别人带来负担。经过一段时间的思考与反复实验，最后，他决定在卷纸上打洞，让纸容易撕成一小张一小张的。史古脱将这种纸命名为"桑尼"卫生纸巾，卖给火车站、饭店、学校等机构。意想不到的是，因为这种卫生纸相当好用而大受欢迎。如今，卫生纸已经成为人们日常生活中不可或缺的生活用品。

有人说，改变不了天气，就改变心情。改变不了他人，就改变自己。同样，改变不了环境，就改变思维方式。萧伯纳也说："明智的人使自己适应世界，而不明智的人坚持要世界适应自己。"变通是天地间的大智慧，是才能中的才能。人生在世，面对层出不穷的矛盾和变化，最有效的办法就是要学会变通。从某种意义上讲，变通，就是寻求一种解决问题的新方法。遇到新的情况，就换新的想法去应对。如果只是墨守成规，不知道运用巧思，灵活变化，不要说不能成功，还有可能会吃大亏。

有两个年轻人，一个叫杰克，一个叫汤姆，他们住在同一村庄，是最要好的朋友。由于居住在偏远的乡村谋生不易，他们就相约到远方去做生意，于是同时把田产变卖，带着所有的财产，牵着驴子到远方去了。

他们首先抵达一个生产麻布的地方，汤姆对杰克说："在我们的故乡，麻布是很值钱的东西，我们把所有的钱换成麻布，带回故乡一定会有钱赚的。"杰克同意了，两人买了麻布，细心地捆绑在驴子背上。

不久之后，他们到了一个盛产毛皮的地方，那里也正好缺少麻布，汤姆就对杰克说："毛皮在我们故乡是值钱的东西，我们把麻布卖了，换成毛皮，这样不但我们的本钱收回来了，返乡后还有很高的利润。"杰克说："不，我的麻布已经很安稳地捆在驴背上，要搬上搬下多麻烦呀！"于是，汤姆把麻布全换成毛皮，还多了一笔钱，而杰克依然只有一驴背的麻布。

后来，他们来到一个盛产黄金的城市，那充满金矿的城市是个不毛之地，人们缺少衣料，毛皮和麻布都很紧俏。汤姆对杰克说："在这里毛皮和麻布的价钱很高，黄金很便宜，而我们故乡的黄金却十分昂贵，我们把毛皮和麻布换成黄金，这一辈子就不愁吃穿了。"杰克再次拒绝了："不，不，我的麻布在驴背上很稳妥，我不想变来变去的！"汤姆只好一个人卖了毛皮，换成黄金，又赚了一笔钱。杰克依然守着一驴背的麻布。

最后，他们回到了故乡，杰克卖了麻布，只得到蝇头小利，和他辛苦的远行不成比例。而汤姆则带回了一大笔财富，成了当地最大的富豪。

汤姆知道用变化的思维对待变化的市场，所以他会逐渐把手中的财富积聚起来，最后成就一番事业。而他的伙伴杰克只是不想麻烦，觉得有个保障的利润就好了，所以最后无法像汤姆一样有大的作为。因此说，变通，可以给一个人带来财富。

或许有人会问：讲变通，难道就是要事事变，时时变，不讲原则了吗？当然不是，仔细想想，人生在世，总会不断地遇到挫折和磨难，坚持自己的原则并没有错，但也要学会看清事实，分析时势，学会变通。大事讲原则，小事要变通。毕竟，一个人的一生不可能永远只做对的事情，也不可能永远一帆风顺，坚持原则的结果有可能是对的，但无论对什么事，假如只是一味地钻在自己的原则里不肯出来，说不定最后会遗憾终身。所以，学会变通，以变应变，会让你有全新的发现。

反其道而"思"之

白纸上有一个黑点,你想到了什么?答案至少有100种:芝麻、苍蝇、图钉、污迹……但这些都是基于黑点之上的联想,为什么我们的眼睛总是习惯性地盯住那个黑点,而没有看到黑点旁边的那一大片白纸?哲学家告诉我们,任何事物都至少有正反两个方面,"横看成岭侧成峰",不同的视角决定了我们所能看到的景色。只不过由于日常生活中人们往往养成了一种惯性思维方式,习惯从特定的某一个角度看问题,并认为这是"当然"。很多时候,就像这个黑点一样,这种惯性思维束缚和禁锢了我们的思维,使我们陷入自己想象中的"绝境",看不到其他。这个时候,我们就需要反其道而"思"之,进行逆向思维。

在我们进行逆向思维的讨论之前,不妨先想这样几个问题:逆向思维有什么作用?在什么情况下我们需要逆向思维?是不是只要是"反过来"的就都是值得鼓励的?逆向思维是不是就是简单的"逆反"——为逆而逆,为新而新,盲目否定惯性思维只为哗众取宠?

细心的读者应该能发现,前面两个问题我们仍循着惯性思维的思路在进行:用了逆向思维有什么好处?什么情况下用逆向思维?而后面两个问题,则渐渐有些"反其道而思之"的意思了:哪些情况下使用逆向思维是不妥当的,逆向思维使用过度会不会导致矫枉过正?

其实,逆向思维一点都不复杂。采用逆向思维,有许多成功的关于发明创造的例子:刀削铅笔,刀动笔不动;采用逆向思维,笔动刀不动,于是就有了旋笔刀。人上楼梯,人动梯不动;采用逆向思维,梯动人不动,于是就有了电梯。我们都知道逆向思维,小时候做数学证明题,当从正面证明不可行时,老师总是教导我们可以从反面去证。但是,等到步入社会,在处理各种社会关系事务的关键时刻,我们却常常忘了它。

逆向思维的关键是摆脱常规思路的束缚。当有时殚精竭虑、百思不得其解时,不妨应用一下逆向思维,逆事物的过程、结果、条件和位置等进行思考,这种情况下的逆向思维,经常会瞬间转换局面,使得悬崖峭壁处峰回路转、豁然开朗。这样,也许你就会茅塞顿开,收到意想不到的结果。

晶体管的发明就是逆向思维的产物。在20世纪50年代,世界各国都在研究制造晶体管的原料——锗。各国的科学家都在试验怎样将锗提炼得很纯。日本的专家江崎与助手在长期的探索中发现，不管怎样小心操作，总免不了混入一些杂质。每次测量其参数，都会发现显示不同的数据。研究就此陷入了一种僵局，似乎没有什么可行的办法可以使锗的纯度达到理想的状态。

在这样的状态下，江崎突发奇想：如果采用相反的操作法，有意地一点点添加进少许的杂质，结果会怎样呢？结果是意想不到的——经实验，当将锗的纯度降到原来的一半时，其传导效果最佳。就这样，反其道而"思"之，一种极为优异的半导体就诞生了。

所以说，在山穷水尽之时，不妨如江崎一般反过来想想，或许你会茅塞顿开，很多正常思维不能解决或是难以解决的问题就这样迎刃而解了。

那么，在没有达到"山穷水尽""无从着手"的时候，逆向思维是不是就没有用武之地了呢？倒也未必，有时一些正常思维虽能解决的问题，如果我们在思考的时候加入一些逆向思维的因素，在逆向思维的参与下，其过程也可以大大简化，成功率可以成倍提高。

可以说，正思与反思就像飞翔的一对翅膀，不可或缺。习惯于正向思维的人一旦得到了逆向思维的帮助，就像战争的统帅得到了一支奇兵。例如从最终目标出发倒回来进行逆向思维，就能获得前进的路线，大大提高成功率。

瑞士手表商Swatch就是通过这样的思维方式获得了比世界上其他手表制造商低30%的成本。一般企业的价格策略制定都是正向从自身的工艺生产流程出发，先计算出自己的成本是多少，而后再在成本的基础上加上预期利润，销售价格就这么出来了。但是Swatch的总裁尼古拉斯·海克设立的战略价格项目组却从价格开始反向研究。

那时候，日本和中国香港生产的廉价、高精度石英表正在夺取大众市场。经过调查，这个项目组认为40美元是最有竞争力的一个价格，一来人们可以买好几块Swatch表作为配饰。其次，如此的低价也使得日本和香港的企业无力抄袭Swatch并把它卖得更便宜，因为那样就没有利润空间了。

必须以如此的价格销售Swatch，一分也不能多。于是，接下来的工作便是从价格反向研究，直到达成目的。为了实现这个目的，Swatch必须对产品的生产方法做重大改变：传统的金属和皮革被塑料取代，手表内部的机械部件也经过改良，从150个减到50个，最后，工程师又开发了新的、更便宜的组装，例如表壳由超声焊在一起，而不是用螺丝拧上。设计和制造的变化合在一起，使得Swatch的直接劳动成本从总成本的30%降到10%。

这些成本创新塑造了一个难以战胜的成本结构，使Swatch

可以赢得大众表业市场且获取利润。过去，这个市场都是由拥有廉价劳动力的亚洲制造商统治的。而Swatch从价格这个最终目标出发倒过来进行逆向思维，最终收获了成功的果实。

事情就是这样巧妙，无论是创业还是就业，有时反过来想想，开拓思路，勇于创新，把对事物的"当然"的认识倒过来思考，就很容易在激烈的竞争环境中脱颖而出。当所有的竞争者为惯常的思维方式所限都朝着一个"当然的"方向，用一种正向思路前进时，你反过来进行逆向思考，这便是你的优势了。千万不要小看这一简单的"反"，很多机会就是这么被发现的，很多财富也就是这么创造出来的。

19世纪中叶，在美国加利福尼亚出现了一股淘金热，美国的贫民为了圆发财梦，纷纷离家去淘金。亚默尔也是其中一员。

到达加州后，亚默尔发现这一带的矿山里气候干燥，淘金人叫苦不迭。于是，亚默尔便干起了卖水的行当。当许多人因找不到金子而流落他乡的时候，亚默尔"舍金求水"，反倒成了一个小小的富翁。

同样是去淘金，有些人碌碌无为流落他乡，有些人却用一种想法创造了自己的财富。人是靠大脑思考问题的，我们的视角，我们的思维，决定了我们的成就。当无处着手时，逆向思维会给我们新的空间；耗时良久时，逆向思维使我们效率大大提高；陷入僵局时，逆向思维会给我们打开另外一扇门；竞争残酷时，逆向思维会给我们脱颖而出的理由……问题有多个方面，路也不止一条，时常反其道而"思"之，不知不觉中，你会发现，通往成功与幸福的路会越来越宽、越来越多。

站在对方的角度来思考

可以说，换位思考是一种非常有益的思维技巧。

换位思维，其实就是换一种立场、一种视觉或一个角度看待生活中的各种事物，这样可以使我们做出在平时惯常思维下不一样的选择。可以说，通过换位思考，可以了解到别人的心理需求，感受到他人的情绪；通过换位思考，可以让人揣摩到对方的心理，达到说服对方的目的；通过换位思考，可以让人欣赏到他人的优点，并给予对方真诚的鼓励，使人际关系和谐友好；通过换位思考，领导者可以得到下属的拥护，下属可以得到上级的器重。

一家非常著名的公司要招聘一名业务经理，丰厚的薪水和各项福利待遇吸引了数百名求职者前来应聘。经过初试和复试，剩下了10名求职者。主考官对这10名求职者说："你们回去好好准备一下，一个星期之后，本公司的总裁将亲自面试你们。"

一个星期之后，10名做了准备的求职者如约而至。结果，一个其貌不扬的求职者被留了下来，总裁问这名求职者："知道你为什么会被留用吗？"这名求职者老实地回答："不清楚。"总裁说："其实，你不是这10名求职者中最优秀的。他们做了充分的准备，比如时髦的服装、娴熟的面试技巧，但都不像你所做的准备这样务实。你用了一种超常规的方式，对本公司产品的市场情况及别家公司同类产品的情况做了深入的调查与分析，并提交了一份市场调查报告。你没被本公司聘用之前，就做了这么多工作，不用你又用谁呢？"

换位思考是人对人的一种心理体验过程，是达成理解不可或缺的心理机制。生活中我们常会说到一句话叫"将心比心"，就是设身处地将自己摆在对方的位置，用对方的视角去看待世界。这对我们每个人都是很有用的。如果每个人都能抱着这种心态去处理问题，现实中将会少去许多纷争，增添许多美好，也会使我们的人际关系更和谐。沟通心理学的技巧之一就是换位思考，才能了解更多。

大象波佐是伦敦一家马戏团的台柱子，一向性情温驯。可是近期却一反常态，变得烦躁起来，更糟的是它竟然袭击了饲养员。贪婪的马戏团团主决定对它进行公开处决，以此在波佐身上再捞一笔。

公开处决的那天，马戏团人山人海，好像所有的人都想看看这庞然大物如何丧命枪下。然而，就在处决时间要到的时刻，一位身材矮小的中年男子走上舞台，对团主说："你们大可不必处死它，这样，让我走近跟它说几句话。"团主将信将疑，考虑再三后决定让男子写下后果自负的保证，随后做出应允。

男子在众多目光的注视下从容地走近波佐。大象见陌生人走近，马上摆动鼻子以示警告。男子也不慌张，开始说话。所有的人都静静地听着，然而即使是靠舞台最近的人也听不懂男子的呢喃，只知道他在说一种外语。再看波佐，先前的警惕已经不在，此刻变得温驯而可怜，像个受了委屈的孩子。台下有人鼓掌，接着，雷鸣般的掌声在人群中爆发了，欢呼声响彻上空。

团主又惊又喜，细问男子缘由。男子笑着说："这是一只印度象，习惯听印地语，你们说的话它听不懂，当然会变得烦躁不安。"

故事结束了，它告诉我们，人们总是用自己的语言对别人说话，完全不管他能否理解接受。其实，我们应该更多地站在对方的角度，用对方熟悉的语言来跟他说话。

这个世界是理性的、冷静的、逻辑的，不符合这类标准就会受到冷落、打击及制止，换位思考在为人处世中是非常重要的，因为不了解对方的立场、感受及想法，我们就无法正确思考与回应。

英格丽·褒曼在获得了两届奥斯卡最佳女主角奖后，又因在《东方快车谋杀案》中的精湛表演获得了最佳女配角奖。然而，在她领奖的时候，她不停地赞扬与她角逐最佳女配角奖的弗沦汀娜·克蒂斯。认为真正获奖的应该是对方，并由衷地说："原谅我，弗沦汀娜，我事先并没有打算获奖。"

褒曼作为获奖者，没有大谈特谈自己的成就与辉煌，而是对自己的竞争对手推崇备至，极力维护了落选对手的面子。相信无论这位对手之前有多失落，都会非常感激褒曼，都会把她当作知心的朋友。一个人在她获得荣誉的时候，如此善待竞争对手，和竞争者贴心，实在是一种文明典雅的风度。

在人际交往中，每个人都希望对方重视自己的感受，由此及彼，不妨在交谈中多从对方的角度出发，为对方多考虑一下。通过换位思考让自己了解对方更多，这样对方就会觉得自己受到了重视，那么，彼此之间的关系就会变得轻松愉快。

撰写过很多本世界级畅销书的卡耐基，曾遇到过这么一件事情。一次，卡耐基租用某家大礼堂来讲课，但对方提出要增加3倍的租金。卡耐基与这家经理交涉说："我接到通知，有点惊讶，不过这不怪你。因为你是经理，你的责任是尽可能赢利。"

紧接着，他为经理算了一笔账，将礼堂用以举办舞会或者晚会，当然会获大利，但你撵走了我，也等于撵走了成千上万有文化的中层管理人员,而他们光顾贵处,是你花钱也买不来的活广告。那么,哪样更有利呢?就这样,经理被他给说服了。

卡耐基之所以会妥善地解决这个问题,就在于他分析利弊的时候是站在经理的角度,使经理把心理天平的砝码放到了卡耐基的这一边。汽车大王福特也说过这样一句话:假如有什么成功秘密的话,就是设身处地为别人着想,了解别人的态度和观点。

站在他人的立场上分析问题,能给他人一种为他人着想的感觉。换位思考的沟通方式是沟通心理学非常重要的内容之一,作为现代的社会人,如果掌握了这种换位思考的沟通交流方式,就等于掌握了成功的砝码。

创新思维的核心与关键

　　创新是一个永远也不会过时的讨论话题，它是一个国家、一个民族、一个企业兴旺发达的不竭动力。在当今社会，需要的就是充满生机和活力的人、有开拓精神的人。可以说，一个人的创新思维在无形之中就能激发人的主体性、能动性、创造性的进一步发挥，从而使人自身的内涵获得极大的丰富和扩展。

　　这样，当你遇到解不开的疑难问题时，就不会选择退缩，而是果敢采取主动出击的方式加以解决。或许有的时候选择解决问题的方式带有一定的风险性，但有创新思维的人还是会愿意尝试，而绝不是彻底地放弃或者墨守成规。

　　波特是一手机公司研发部的员工。研发部不像生产部和销售部，没有什么硬性指标，薪水却比其他部门拿得还多，但他每天好像都不是很开心。有同事忍不住就问他为什么，波特说："我是在想，我们整天坐在研究室里，除了完成上面派给的任务，改进一下机型，就什么事也不做了，老拿不出新的创意，我倒觉得不好意思了。"

"咳，现在我们的手机已经是世界著名品牌了，不管是技术性能还是外观形象，早都深入人心了，还上哪里去找创意？"同事们都这样劝他。但波特还是暗下决心："一定要让诺基亚在自己的开发下有一个质的飞跃。"有了这个非同一般的目标后，波特更是寝食难安，每天除了完成公司下达的任务，满脑子都是考虑如何让诺基亚更符合消费者的需求。

一天，在地铁里他有了一个惊人的发现：几乎所有的时尚男女都带着手机、一次性相机和袖珍耳机，这给了他很大的灵感，"能不能把这3个最时髦的东西组合在一起呢？果真如此，不是既轻便又快捷吗？"第二天他马上找到主管，对他说："如果我们在手机上装一个摄像头，让人们在接听音乐的同时，把自己和外面他能见到的所有美好事物都拍摄下来，再发送给亲友，那该是多么激动人心啊！"主管被他的创意惊得高声叫道："好样儿的波特！我们马上就着手研制！"

这种具有拍摄和接听音乐功能的手机很快研制成功，它刚一推向市场，就大受青睐。波特不但实现了自身的价值，而且也得到了应有的奖赏。更重要的是，在实现目标的过程中，波特得到了从未有过的快乐。

当今时代虽然瞬息万变，但机会却像空气一样，时刻在我们身边流动。假如波特听从了同事们的劝告，不再带着一种创造性的眼光看问题，不再用创造性的思维做工作，也就不会有我们今天这么时尚便捷且功能丰富的手机。再或者被别的手机生产厂家抢占了先机，也就不会取得今天的业绩，更别想谈波特自己的成就了。

成功永远属于不畏失败、敢于创新的人。那些过分谨慎保守的人做事虽然没什么风险，但碰到的机会同样比较少，注定了他们在生活中也是平庸之辈。而对于那些果敢的人来说，当他们遇到问题时，总是敢于全力以赴，积极寻找新的解决办法。

有创新性思维的人之所以能取得非凡的成就，也就在于他们能在困难面前不故步自封，敢于和善于寻找新思路，把自己引向一片新的天空。

假如有人问起快餐行业的问题，绝大多数人会第一时间联想到麦当劳，这个名列世界500强企业的连锁帝国的确让众多企业家佩服不已。说到它的崛起，就不能不说到创业元老麦当劳兄弟二人——莫里斯·麦当劳和查德·麦当劳。

在20世纪20年代，麦当劳兄弟不甘于一辈子就在自己的乡村老家默默无闻，务农一生，于是毅然辞别了父母亲人，结伴到美国著名影城好莱坞打拼。

1937年，历经多次挫折后的兄弟二人，抱着不服输的念头，借钱办起了全美第一家"汽车餐厅"，由餐厅服务员直接把三明治和饮料等送到车上，这种专门服务于旅行中的人们的路边餐馆，定位于服务到车、方便乘客。由于思维创新独特，很快便一炮打响。一时间，他们的汽车餐厅独领风骚。

后来人们纷纷效仿，办汽车餐厅的人日益增多，麦当劳兄弟的生意大不如初，而且每况愈下。在困难面前，兄弟二人没有丝毫的退缩、沮丧和消沉，而是继续冥思苦想着再一次实现飞跃。他们摒弃了原有的汽车餐厅服务理念，转而在"快"字上大做文章，以"想吃花哨和高档的请到别处去，想吃简单实惠和快捷的请到我这儿来"的全新经营理念，一举获胜，吸引了千千万万的顾客蜂拥而来。而后，兄弟二人并没有满足于现状，而是继续敢想敢干，在创新上做文章。比如后来推出纸盘、纸袋等一次性餐具，进行了厨房自动化的革命等来不断迎接新的挑战。

正是因为麦当劳兄弟有了这种不断战胜和超越自我的决心和勇气，并将这种决心和勇气付诸实践当中，才使得他们一步步地迈向快餐业霸主地位的顶峰。

有创新思维的人，通常都是不满足于现状的。而满足现状，往往就是停滞不前和骄傲自满的前奏。它的滋生和蔓延，会在一些人中不知不觉地树起一道屏障，拦住他们继续前进的脚步，使本该更加出色的这些人沦为平庸之辈。

拿工作为例，我们难以否认这样一个事实，随着工业化大生产的不断深入，经济全球化、一体化的不断发展，各个现代企业的生产、销售、运营方式已越来越趋向流水化、单纯化。这的确是导致部分员工没有高昂的工作热情的原因之一。但是，如果你不能适应这样的环境，不了解企业运作的各个环节，又如何做好一名优秀的员工呢？

在这种情境下，光有机械的服从是不够的，还要积极地去改变，去创新，从单调的工作中去发现和创造出人头地的机会。只有用积极的心态定位好自己的角色，才能在现代的职场竞争中立于不败之地，也才能使你成为优秀员工，甚至是公司的高层领导。所以，不要再墨守成规，也不要画地为牢，去寻找一切工作的机会，自动自发，超额圆满并且创造性地完成上司交给你的每项任务吧，在这个过程中你会发现，其实工作也可以很快乐。

Chapter 4

改变思维前先改变自己

成功的第一块基石

杰出人士都拥有一颗积极而又勇敢的心，常言道"两强相遇，勇者胜"，一个缺乏积极思维能力的人是永远不会成功的。

杰出人士吴士宏曾是IBM（中国）公司的总经理。她原先只是一个护士，那她是怎样进入IBM公司的呢？

在多年以前，吴士宏还是一个护士。1985年，她决定要到IBM去应聘。当时，IBM的招聘地点在长城饭店，这是一个五星级的饭店——那个时候的五星级饭店可不像今天这样没有地位，因为现在的五星级饭店多了。试想，当年的吴士宏，一个连温饱都还没有完全解决的护士，来到长城这样的五星级饭店门口，心情怎么样？

她回忆说，在长城饭店门口，自己足足徘徊了5分钟，呆呆地看着那些各种肤色的人如何从容地迈上台阶，如何一点也不生疏地走进门去，就这样简简单单地进入另一个世界。她之所以徘徊了5分钟不敢进去，就是因为她的内心深处无法丈量自己与这道门之间的距离。

经过一番思考，她最后当然进去了，否则就没有今天的吴士宏了。她是怎样突破这个障碍的呢？她想就凭自己用一台收音机，花一年半时间学完了许国璋英语三年的课程这个经历自己也应该进去。当时的努力不就是为了这一天吗？她鼓足了勇气，迈着稳健的步伐，穿过威严的旋转门，听从内心的召唤，走进了世界最大的信息产业公司IBM公司的北京办事处。她的确是个人才，顺利地通过了两轮笔试和一轮口试，最后到了主考官面前，眼看就要大功告成了。

俗话说：阎王好见，小鬼难缠。现在已经见到了阎王，她好像什么也不怕了。主考官没有提什么难的问题，只是随口问："你会不会打字？"

她本来不会打字但是本能告诉她，到了这个地步，还有什么不会呢？

她点点头，只说了一个字："会！""1分钟可以打多少个字？""您的要求是多少？""每分钟120字。"

她不经意地环视了一下四周，考场里没有发现一台打字机，马上就回答："没问题！"主考官说："好，下次录取时再加试打字！"她就这样过五关斩六将，顺利通过了主考官的眼睛。

实际上，吴士宏从来没有摸过打字机。面试结束，她就飞快地跑去找一个朋友借170元钱买了一台打字机，就这样没日没夜地练习一个星期，居然达到专业打字员的水平。

她被录取了，但IBM公司却"忘记"考她的打字水平了，可是这170元钱，她好几个月才还清。她成了这家世界著名企业的一名普通员工，可是她扮演的不是白领，而是一位卑微的角色，主要工作是泡茶倒水，打扫卫生，用她自己的话说，"完全是脑袋以下的肢体劳动"。她为此感到很自卑，她把可以触摸传真机作为一种奢望，她所感到的安慰就是自己能够在一个可以解决温饱问题而又安全的地方做事。可是作为一位服务人员，这种心理平衡很快就被打破了。

一天，吴士宏推着平板车买办公用品回来，门卫把她拦在大门口，故意要检查外企工作证。她没有外企工作证，于是在大门口僵持起来，进进出出的人就像看大街上耍猴的那样，个个都投来一种异样的目光。作为一位女性，她的内心充满了屈辱，充满了无奈，可是她知道这份工作得来不容易，没有发泄出来，可是她内心咬着牙齿在说："我不能这样下去！"这是第一件事情，还有一件事情在她的内心深处留下很深的印象：

有个女职员，香港的，资格很老，动不动就喜欢指使人给她办事，吴士宏就是她的主要指使对象。一天，这位女士叫着吴士宏的英语名字说："Juliet，如果你想喝咖啡就请告诉我！"

吴士宏丈二和尚——摸不着头，不知这位自以为是的女士说什么。

这位女人说："如果你喝我的咖啡，每次都请你把杯子的盖子盖好！"吴士宏本来是一个很会忍气吞声的人，这次女性的温柔全都不见了，因为她认为那女人把自己当成偷喝咖啡的小蟊贼了，是一种人格上的侮辱。她顿时浑身战栗，就像一头愤怒的狮子，把埋在内心的满腔怒火全部发泄了出来……

吴士宏想：有朝一日，我要去管公司里的任何一个人，不管他是外国人还是香港人！

甘愿自卑，就只能沉沦下去，不肯自卑，就会产生无穷的推动力；积极的思维和态度使吴士宏每天除了工作时间就是学习，就是寻找着自己的最佳出路。最终，与她一起进IBM的，她第一个做了业务代表；她第一批成为本土的经理；她成为第一批赴美国本部进行战略研究的人；她第一个成为IBM华南地区总经理——也就是人们常说的"南天王"……

大概这些都没有多大意思，吴士宏还登上了IBM（中国）公司总经理的宝座。

吴士宏为什么成功，我们不知道；我们只知道她从来没有真正害怕过什么东西，即使不会的东西也是这样。

人就是应该有这样一点精神——不会的事情，难道你学不成？我们现在想说这样一段话：俗话说，坚持数年，必有好处。一个人只要肯花时间，少的不说，经过10年的努力，一个智力平平的人可以精通一门学问；一个毫无知识的文盲，可以成为一个彬彬有礼的文化人。

杰出人士的成功并非天助神帮，如果你也有积极思维作铺垫，然后去拼搏、去努力，那么你也没有理由不成功。

生活中的磨难和挫折谁都有可能遇见，这些你都无从选择。重要的是你要有积极的思维，相信一切困难都是可以战胜的，一切问题都是可以解决的。杰出人士成功的经验告诉我们，全力以赴就能成功。实际上，我们很少将所有的心力发挥出来，特别是所有积极的精神潜力。同时我们也必须承认，我们很少积极地全力以赴地去解决问题。通常只有在遭逢重大困难时才被迫如此。如果你试着用全部心力去应付困难，你会对自身潜在的精神力量感到惊讶。

你真想去试试看吗？你真想要有战胜失败的力量吗？如果你真的去试，你就一定可以成功。这项法则适用于各种失败场合。下面有一封信便是以巨大力量，凭借信仰的帮助，克服困难而达到目标的最佳例证。

我是一个60多岁的老太太。我要告诉你，我就是因为信仰而产生了奇迹。很抱歉的是，我没有受过什么教育，也不太会写字。但是，我会尽力告诉你，我人生中遇到的第一个大麻烦及我是如何运用信仰的力量来克服一切的。

我生下来便是一个瘸子，胯骨错位。医生说我这辈子将无法走路。但是，当我慢慢长大，看见别人能走路时，我便在心里祈祷上帝帮助我，我也要走路。我知道上帝很爱我。那年我已6岁，还不会走路。我的心碎了，但上帝竟让我扶着两把椅子站了起来。但我一开步走，便倒了下去。我告诉自己，决不可以放弃。我不断地向上帝祈祷，一次又一次地尝试，直到我能真正站起来好几秒钟。我无法形容内心的狂喜，不断地尖叫要我妈妈来看，我站起来了！我能走路了！

可惜，我一走动，便又跌了下来。我无法忘记当时我的父母有多喜悦。当我再尝试时，母亲递给我一把扫帚，她抓着另一头，叫我一步一步朝前走。她的鼓励加上我自身的毅力，我居然能走医生说的鸭子步了！

自此，我生活非常快乐。

3年前，一场意外让我的左膝盖受伤。送进医院后，照了X光。然后医生来到我身旁，问我说你以前是怎么走路的？他们认为，这是奇迹，因为我的臀部没有关节，也没有大腿窝，怎么能站得起来？过去的事又回到眼前，我活了60多年，竟然到现在才发现自己臀部没有关节和大腿窝！

医生们担心，我左膝盖再次受伤，加上年事已高，大概无法再走路了。但是上帝却又再度伸出援助之手。令所有人惊讶的是，我竟又站起来了！我现在还在工作，替一位上班的寡妇照顾4个小孩。我自己也失去了丈夫，为了抚养小孩，不得不辛苦地工作。我丈夫在1919年患流感去世了。当时两个女儿还小，一个儿子在先生去世后两个月才出世。我跪在地板上擦地擦了17年，可是这辈子没生过病，我也不知道什么是头痛。

"一步一步慢慢往前走吧！"这就是尝试的含义。这意味着，一直坚持下去，直到问题解决为止。找到问题，努力尝试，再找出问题；坚持不懈，最终能战胜失败。

所以，倘若你遇到困难和挫折，你是全心全意去对付它？或三心二意？或仅仅点到为止？你是否真诚而竭尽全力去解决？这句话无论重复多少遍也不嫌多：只要你不断地一试再试，便能逐渐克服你的困难。

应把困难当作机遇。戴高乐曾经说过："困难，特别吸引坚强的人。因为他只有在拥抱困难时，才会真正认识自己。"这句话一点也没错。

你自己努力过吗？你愿意发挥你的能力吗？对于你所遭遇的困难，你愿意努力去尝试，而且不止一次地尝试吗？只试一次是绝对不够的，需要多次尝试。那样你会发现自己心中蕴藏着巨大能量。许多人之所以失败只是因为未能竭尽所能去尝试，而这些努力正是成功的必备条件。仔细查看列出的失败清单，观察检讨看看，过去你是否已竭尽所能，像约翰·托马斯那样努力争取胜利！如果答案是否定的话，试试克服困难的第二个重要步骤是学会真正思考，认真积极地思维。积极思维的力量惊人，任何失败均能通过积极思维来解决，你能以积极思维来解决任何问题。

有一个14岁的男孩在报上看到应征启事，正好是适合他的工作。第二天早上，当他准时前往应征地点时，发现应征队伍已排了20个男孩。

如果换成另一个意志薄弱、不太聪明的男孩，可能会因此而打退堂鼓。但是这个小伙子却完全不一样。他认为自己应该动脑筋，运用上帝赋予的智慧想办法解决困难。他不往消极面思考，而是认真用脑子去想，看看是否有法子解决。于是，一个绝妙方法便产生了！

看，思维多么有力！积极的思维力量多大！

他拿出一张纸，写了几行字。然后走出行列，并要求后面的男孩为他保留位子。他走到负责招聘的女秘书面前，很有礼貌地说："小姐，请你把这张便条纸交给老板，这件事很重要。谢谢你！"

这位秘书对他的印象很深刻。因为他看起来神情愉悦，文质彬彬。如果是别人，她可能不会放在心上，但是这个男孩不一样，他有一股强有力的吸引力，令人难以忘记。所以，她将这张纸交给老板。

老板打开字条，看后笑笑交还给秘书，她也把上面的字看了一遍，笑了起来，上面是这样写的：

"先生，我是排在第21号的男孩。请不要在见到我之前做出任何决定。"

你想他得到这份工作了吗？你认为呢？像他这样会思维的男孩无论到什么地方一定会有所作为。虽然他年纪很轻，但是他知道如何去想，认真积极思维。他已经有能力在短时间内，抓住问题核心，然后全力解决它，并尽力做好。

实际上，你一生中会遇到很多诸如此类的问题。当你遇到问题时，一旦认真进行思维，便更容易找到解决办法。

要想克服失败的思维方式，学会积极性思维非常关键。人必须调整心态，直到否定思维转变成肯定思维为止。

当我还是一个小孩子的时候，学校里有一位令我难忘的好老师。他常常会突然无缘无故地停下讲课，走到黑板前写下两个好大好大的字"不能"。然后转过头来，笑问全班同学：

"我们该怎么办？"

学生就会高高兴兴地对他说："把'不'字去掉。"

老师拿起板擦，把"不"字擦掉，"不能"就变成"能"了。我们就需要这样的教导，我们必须随时提醒自己，把"不"字去掉，就只剩下"能"了。这就是我们真正去想的方式，想自己远离失败。如果"不能"这个字在心中扎根，就会招致许多烦恼。

如果你常采取一种"不能"的态度，你会惊讶地发现，即使是很成功的事业，也会渐渐衰败。

这就是当消极思维进驻我们内心时所产生的影响。"每天都应该给脑子洒一点香波。"多么精辟的思想！它要人们把消极思想所带来的灰尘污垢去掉。每天都以清醒的头脑开始新的一天，这种智慧、积极的思维将会引导你走上成功之路。

没有人能阻止你成功

在这个世界上如果你想成功，那么没人能够阻挡你，只要你的思维方式是积极的而且付诸积极的行动。

刘墉曾在《萤窗小语》中讲述这样一个故事：

有一个学生找刘墉学素描，但他的手总会出汗，炭笔素描又常需要用手涂抹，很容易就把纸弄脏了。刘墉多次劝他改画水彩，他坚持不应。没想到过了半年多，他的素描不但不脏，而且比别的学生画得更好。原因是他尽量避免擦抹，而用手指在画面上压。手上有汗，压的轻重不同，就能粘起不同分量的炭粉，造成比别人更丰富的色阶。

刘墉指出："由此可知，我们天生异于一般人，而被认为是缺点的地方，如果善加分析把握，反倒可能成为一种积极先天优越的条件。"

生活里会出现形形色色的屏障和难关。比如耳聋、失明、瘫痪、贫困、口吃，等等，只要你信心不倒，顽强拼搏，以积极思维的方式对待问题，就能突破人生的败局，赢得成功的机会。

耳聋不是障碍！

贝多芬30岁便失去了听觉，耳朵聋到听不见一个音节的程度，但他仍为世界谱写了宏伟壮丽的《第九交响乐》。托马斯·爱迪生是聋子，他要听到自己发明的留声机唱片的声音，只能靠用牙齿咬住留声机盒子的边缘，通过头盖骨骨头受到震动，才得到声响感觉。

视力衰弱不是障碍！

英国辞典编纂家塞缪尔·约翰逊就是一个。但他顽强地编纂了全世界第一本真正堪称伟大的《英语词典》。

失明不是障碍！

埃及著名文学界塔哈·侯赛因，号称"阿拉伯文学之柱"。他代表了20世纪30年代以来阿拉伯的新文学方向。但就是这样一位伟大文豪，竟是一位双目失明的残疾人。塔哈由于患眼疾，在三四岁时就双目失明。但性格倔强的小塔哈，没有向命运屈服，他以惊人的毅力与勇气，顽强地闯出了一条光明之路。他刻苦认真地学习，课余时间从不荒废。他听别人朗诵诗歌，就默默在心里记下，并请别人帮助自己朗读。他经常到邻居中间，学习来自民间的淳朴、生动的语言。这一切为他进入大学进一步深造，打下了坚实的基础。塔哈凭自己的努力，进入著名的埃及大学，毕业时获得了埃及历史上第一个博士学位，得到国王的亲准，到法国巴黎留学。后又获法国的博士学位。通过个人不懈的努力和奋斗，为阿拉伯文学宝库留下了不朽的鸿篇巨制。

体弱多病不是障碍！

达尔文被病魔缠身40年，可是他从未间断过从事改变了整个世界观念的科学预想的探索。爱默生一身多病，包括患有眼疾，但是他留下了美国文学第一流的诗文集。查理斯·狄更斯病不离体，却正是他在小说中为世界创造了许多最健康的人物。米开朗琪罗肠功能紊乱，莫里哀有肺结核，易卜生有糖尿病……

全身瘫痪不是障碍！

爱尔兰著名作家、诗人斯蒂·布朗一生中写出了5部巨著，令人惊叹的是这些著作是他用左脚趾写成的，其间的艰辛不言而喻。布朗生下来就全身瘫痪，头、身体、四肢不能动弹，不会说话，长到5岁还不走路。但5岁的小布朗会用左脚趾夹着粉笔在地上乱画了。在母亲的耐心教导下，布朗学会了26个字母，并对文学产生了浓厚的兴趣。布朗努力克服因身体残疾带来的不便，用超出常人的巨大毅力，进行刻苦顽强的磨炼，学会了用左脚打字、画画，也开始了作文和写诗。他进行写作时，就把打字机放在地上，自己坐在高椅上，用左脚上纸、下纸、打字、整理稿纸，克服了巨大困难。经过艰苦的努力，终于创作了大量的文学作品。尤其是他的自传体小说《生不逢辰》面世后，轰动了世界文坛，被译成了15国文字，广泛流传，并且拍成电影鼓舞着世界人民。这位一生都在与病魔做着顽强斗争的伟大诗人和作家，在他短暂的一生中，一直都在写作。直到他48岁告别人世前，还最后完成了小说《锦绣前程》，为我们留下了宝贵的精神财富。

如果你常常觉得自己的境遇不够好，那么，从这些人身上，是否应该能够找到积极向上的力量？积极向上，鼓舞我们面对困难；积极向上，助我们抗拒阻力；积极向上，陪伴我们走向成功。

积极思维潜力无穷

不断根据社会需求提出新的思维建议，成为成就杰出人士的根本保证！我们要想成为生活中的成功者、杰出者，就应该去开发我们本身巨大的潜力，多动脑子，尤其要养成积极思维的好习惯，才能跳出失败的怪圈，突破人生的败局！

杰出人士都是拥有积极的心态和积极思维的良好习惯的。

所有人的思想，甚至最伟大的思想都会笼罩着某种蛛网。这种蛛网就是消极的感情、情绪、态度，具体表现为某种不良的习惯、信条和偏见。我们的思想常常在这些蛛网中变得缠结不清。

有时我们养成了不好的习惯，想要改正它。有时我们受外力强烈的引诱去做坏事，于是我们就像被蛛网所捉住的昆虫一样，挣扎着去争取自由，去改变自己。

一只昆虫有时会被蛛网捉住。昆虫一旦陷入困境，它就没有了自由，不能解放自己。然而，每个人都可以绝对天生地控制一样东西，这东西就是你的心态。我们要尽可能地避免自己的心理结上蛛网，要有清除这种蛛网的能力。一旦陷入网中时，我们仍然能从中解脱，获得自由。

为了实现这一点，你可以运用积极的思维，采用积极的心态。为了进行正确的思维，你必须应用推理的方法，讨论推理或学会正确地思维。

一个人的思想习惯、行动习惯、直觉、经验和其他诸方面的因素直接影响其行动。

人的思想蛛网之一便是，认定我们的行动只是根据推理，而实际上每种有意识的行动都不过是我们在做我们想要做的事。

苏格拉底是雅典杰出的哲学家、历史上卓越的思想家之一。但他的思想上也有蛛网。

苏格拉底年轻时爱上了赞西佩。她很美丽，而他长得其貌不扬。但苏格拉底有说服力，有说服力的人似乎有能力获得他所想要的东西。苏格拉底就凭着他积极的思维成功地说服了赞西佩嫁给他。

然而，度过蜜月之后，苏格拉底过得并不好。他的妻子开始看他的缺点。他也看她的缺点，他为自我主义所激励，据称，苏格拉底曾说："我的生活目的是和人们融洽相处。我选择赞西佩，因为我知道如果我能和她融洽相处，我就能和任何人融洽相处。"

这就是他所说的话。但是他的行为却不是那样的。问题在于，他力图和许多人而不是少数人融洽相处。当你像苏格拉底那样，总是试图证明你所遇到的人都是错的，你就在排斥而不是吸引人们。

然而他说他忍受赞西佩的唠叨责骂是为了他的自我控制。但他如果要发展真正的自我控制，可取的道路是努力了解他的妻子，并用他当年说服她嫁给他的同样的体谅、关心以及爱去影响她。他没有看见自己眼中的"横梁"，却看到了赞西佩眼中的"微尘"。

当然，赞西佩也不是无可指责的。苏格拉底和她正像今天许多丈夫和妻子一样生活着。过去他们使用令人愉快的个性和思维，以至于他们的求爱时期成了十分幸福的经历。后来他们却忽略了继续使用这种个性和思维。忽略也是一种心理蛛网。

那时苏格拉底没有读过这本书，赞西佩也没有。如果她读了这本书，她就该懂得如何去激励她的丈夫，以便使得他们的家庭生活幸福。她可能会控制住自己的情绪，并且细腻地体贴丈夫。

苏格拉底的故事证明，他只看见赞西佩眼中的"微尘"。而另一个青年的故事中，他学会了看见自己眼中的"横梁"。在介绍他之前，让我们看看唠叨责骂是如何发展起来的。

你应该明白，当你知道问题的症结时，你就常常能避免这种问题。

杰出人士早川在《思想和行动的语言》中写道：

为了医治她丈夫的毛病，妻子可能会唠叨不休地责备他。他的毛病就变得更恶劣，而她也就责骂得更凶。由于她对丈夫的缺点老是采取固定不变的反应，她就只能用一种方式对付这个问题。她使用这个方式愈大，这个问题也就变得愈糟，他们的婚姻就会毁坏，他们的生命也会粉碎。

有一个年轻人在他参加"积极的心态"学习班的第一天晚上，老师问他："你为什么要参加这个学习班呢？"

"由于我的妻子！"他答道。许多学生笑了。但是老师却没有笑。老师从经验得知，许多不愉快的家庭是由于夫妇一方只看到对方的过失，而看不到自己的过失。

4个星期以后，在一次私人谈话中，老师询问这位学生：

"现在你的问题处理得怎么样了？"

"我的那个问题已经解决了。"

"那就太好了！怎样解决问题的呢？"

"我学会了——当我面临着对别人误会的问题时，我首先从检查自己开始。我检查了我的心态，发现那都是些消极的东西。可见我的问题并非真正是由于妻子引起的，而是由于我自己引起的。解决了我的问题，我对她就不再有问题了。"

假如苏格拉底对他自己说："当我面临着对赞西佩误会的

问题时，我必须首先从检查自己开始。"那么会发生什么情况呢？如果你对你自己说："当我面临着对另一个人误会的问题时，我必须首先从检查自己开始。"那么会发生什么情况呢？你的生活会更加幸福！

但是，还有许多别的蛛网阻碍我们获得幸福。说来奇怪，阻碍最大的一种蛛网是表现思想的工具本身——语言。正如早川在他的书中所说，语言是一种符号。你会发现一个单词的符号对你能够意味着无数的观念、概念和经验相结合的总和。

你可以用一个词激励别人行动起来。当你对别人说"你能够"时，这就是暗示。当你对自己说"我能够"时，你便是用"自我暗示"来激励你自己。

用积极的心态来促进积极的思维，把二者巧妙地结合，你就能轻松突破人生的败局，走进成功的辉煌世界。

成功在于积极去争取

以积极的思维主动要求、争取，不要指望谁能帮助你，这是杰出人士必备的素质之一。

有时成功与失败在于积极争取与放弃之间。

有些时候看似毫无希望，其实只要以积极思维去看待并积极地争取便有成功的希望。杰出人士之所以成功就在于他们拥有积极思维。

一位女大学生刚毕业时，到一家公司应聘财务会计工作，面试时便遭到拒绝，原因是她太年轻，公司需要的是有丰富工作经验的资深会计人员。

女大学生却没有气馁，一再坚持。她对主考官说："请再给我一次机会，允许我参加完笔试。"主考官拗不过她，答应了她的请求。结果，她通过了笔试，由人事经理亲自复试的笔试！

人事经理对这位女大学生颇有好感，因她的笔试成绩最好，不过，女孩的话让经理有些失望，她说自己没工作过，唯一的经验是在学校掌管过学生会财务。找一个没有工作经验的人做财务会计不是他们的预期，经理决定到此为止，"今天就到这里，如有消息我会打电话通知你。"

女孩从座位上站起来，向经理点点头，从口袋里掏出两块钱双手递给经理："不管是否录取，请都给我打个电话。"

经理从未遇到过这种情况，一下子呆住了。不过他很快回过神来，问："你怎么知道我不给没有录用的人打电话？"

"你刚才说有消息就打，那言下之意就是没录取就不打了。"

经理对这个年轻女孩产生了浓厚的兴趣，问："如果你没被录用，我打电话，你想知道些什么呢？"

"请告诉我，在什么地方不能达到你们的要求，我在哪方面不够好，我好改进。"

"那两块钱……"

女孩微笑道："给没有被录用的人打电话不属于公司的正常开支，所以由我付电话费，请你一定打。"

经理也微笑道："请你把两块钱收回，我不会打电话了，我现在就通知你，你被录用了。"

就这样，女孩用两块钱敲开了机遇大门。细想起来，其实道理很清楚：一开始便被拒绝，女孩仍要求参加笔试，说明她有很强的积极思维的能力和坚毅的品格。财务是十分繁杂的工作，没有足够的耐心和毅力是不可能做好的。她能坦言自己没有工作经验，这显示了一种诚信，这对搞财务工作尤为重要。即使不被录取，也希望能得到别人的评价，说明她有面对不足的勇气和敢于承担责任的上进心。员工不可能把每项工作都做得十分完美，我们可以接受失误，却不能接受员工自满不前。女孩自掏电话费，反映出她公私分明的良好品德，这更是财务工作不可或缺的。

两块钱折射出良好的素质和高尚的人品。而人品和素质有时比资历和经验更为重要。同时还反映出一个问题，如果这个女孩在一开始遭拒绝就收兵，那么就可能得不到这份工作。但她不放弃，以积极的思维去主动要求、争取，她没有指望谁能帮上自己，她凭着积极思维的能力突破了即将到来的败局，赢得了成功。

再坚持一下，你就成功了

　　积极思维就是要求你在困境中扬起自信的风帆，再坚持一下，否则你就会不幸地沦入失败的泥沼而后悔莫及。而杰出人士和普通人士的区别也就在于此一点，生活中杰出人士不会轻言放弃，而普通人常常知难而退。

　　1952年，世界著名的游泳好手弗洛伦丝·查德威克从卡德林那岛游向加利福尼亚海滩。两年前，她曾经横渡过英吉利海峡，现在她想再创一项纪录。

　　这天，当她游近加利福尼亚海岸时，嘴唇已冻得发紫，全身一阵阵打战。她已经在海水里泡了16个小时。远方，雾霭茫茫，使她难以辨认伴随着她的小艇。查德威克感到难以坚持，她向小艇上的朋友请求："把我拖上来吧。"艇上的人们劝她不要向失败低头，要她再坚持一下。"只有1英里远了。"他们告诉她。浓雾使她难以看到海岸，但她没有去积极地思维，缺乏积极的动力，她以为别人在骗她。"把我拖上来。"她再三请求着。于是，冷得发抖、浑身湿淋淋的查德威克被拉上了小艇。

后来，她告诉记者说，如果当时她能看到陆地，她就一定能坚持游到终点。大雾阻止了她去夺取最后的胜利。

这件事过后，她认识到，事实上，妨碍她成功的，不是大雾，而是她内心的消极思维。是她自己消极地让大雾挡住了视线，迷惑了心，先是对自己失去了信心，然后才被大雾给俘虏了。如果她当时能以积极的思维方式去考虑问题，那么成功就是属于她的。

两个月后，查德威克又一次尝试着游向加利福尼亚海岸。浓雾还是笼罩在她的周围，海水冰凉刺骨，她同样望不见陆地。但这次她坚持着，她知道陆地就在前方；她积极奋力向前游，因为陆地在她的心中。她积极地去拼搏奋斗，查德威克终于明白了信念的重要性。她不仅确立目标，而且懂得要对目标充满信心。

每个人都会确立一些人生的目标，要实现这些目标，首先你必须相信自己能够做到。千万不要让形形色色的雾迷住了你的眼，不要让雾俘虏你。在实现目标的过程中受到挫折时，请记住，困难都是暂时的，只要充分相信自己，终能等到云开雾散的那一天。而丧失自信心，不仅会带来失败，还常常酿成人间悲剧。

小刘在大学里的成绩就很好，但总是对自己缺乏信心。

1999年1月底，经过了充分准备的小刘怀着忐忑的心情，走进了硕士研究生考场。第一天的英语和政治的答题顺利，稍稍缓解了她紧张的心绪。但第二天，刚发下高等数学试卷时，看到多一半陌生的题目，小刘蒙了，心想这下完了……交卷时间到了，望着只答了一半的试卷，她哭了。虽然剩下的专业考试对每个考生来说都相对比较容易，但她认为自己没有必要参加剩下的两门专业课程的考试了，怀着失落的心情，她悄悄离开了考场。

可是，以后的事更加令她伤心和遗憾了，虽然她数学只考了48分，而当年考生的平均成绩只有37分，而且她的英语和政治成绩都不错，如果小刘坚持参加所有科目的考试，肯定被录取了。小刘由于受到强烈的刺激，精神有些失常，永远失去了深造的机会。

如果小刘能以积极的思维方式考虑问题，不中途放弃考试，她将是一名硕士研究生了。退一步讲，如果有起码的自信和一点积极的思维能力，就算小刘这次不能考取，她明年还可以重来。她本来都应该迈向成功之路，却因缺乏积极的思维和积极的人生态度，造成了本可避免的悲剧，由此可见积极的思维方式是多么重要。

用积极思维描绘未来

在我们所接触的人中，每100人中有98人不满意当下的世界，但他们心中又缺乏一个他们所喜欢的世界的清晰图样。

杰出人士告诫我们：那些胸怀不满而且没有明确目标的人注定要终生无目的地漂泊。只有那些以积极的思维方式规划未来，确立目标的人才能赢得未来的成功。

你是否现在就能说说你想在生活中得到什么？确定你的目标可能是不容易的，它甚至会包含一些痛苦的自我考验。但无论付出什么样的努力，都是值得的，因为只要你一说出你的目标，你就能得到许多好处，而且这些好处几乎自动到来。

杰出人士包克是《妇女家庭》杂志的一名编辑。他小时候就沉浸在一种想法中：总有一天他要创办一种杂志。由于他树立了这个明确的目标，就能够积极地去抓住一个机会，这个机会实在是微不足道的，以致我们大多数人都会任其过去，不屑理睬。

事情是这样的：他看见一个人打开一包纸烟，从中抽出一张纸条，随即把它扔到地上。包克弯下腰，拾起这张纸条。上面印着一个著名女演员的照片。在这幅照片下面印有一句话：这是一套照片中的一幅，烟草公司欲促使买烟者收集一套照片。包克把这个纸片翻过来，注意到它的背面竟然完全是空白。

像往常一样，包克感到这儿有一个机会。他推断，如果把附装在烟盒子里的印有照片的纸片充分利用起来、在它空白的那一面印上照片上的人物的小传，这种照片的价值就可大大提高。于是，他找到印刷这种纸烟附件的平板画公司，向这个公司的经理说明了他的想法。这位经理立即说道：

"如果你给我写100位美国名人小传，每篇100字，我将每篇付给你100美元。请你给我送来一张名人的名单，并把它分类，你知道，可分为总统、将帅、演员、作家等。"

这就是包克最早的写作任务。他的小传的需要量与日俱增，以至他得请人帮忙。于是他要求他的弟弟帮忙，如果他的弟弟愿意帮忙，他就付给他每篇5美元。

不久，包克还请了5名新闻记者帮忙写作小传，以供应一些平板画印刷厂。包克竟然成了编者！

包克的成功说明积极思维的心态对人成功的帮助是巨大的。

如果人生交给我们一个问题，它也会同时交给我们处理这个问题的能力。人生绝不会使我们陷入窘境。每当我们受到激励去发挥我们的能力时，我们的能力就会有所变化。即使你处于一种极不良的健康状态中，你仍然能过着对社会有用的幸福生活。

许多人认为不健康是一个不能克服的人生败局。如果你也认为是这样的话，你可以从米罗·琼斯的经历中获得勇气。

当琼斯是农民时他身体很健康，工作十分努力，在美国威斯康星州福特·亚特全遇附近经营一个小农场。但他好像不能使他的农场生产出比他的家庭所需要的多得多的产品。这样的生活年复一年地过着，突然间发生了一件事！

琼斯患了全身麻痹症，卧床不起，而且已是晚期，几乎失去了生活能力。他的亲戚们都确信，他将永远成为一个失去希望、失去幸福的病人。他不可能再有什么作为了。然而，琼斯确实有了作为。他的作为给他带来了幸福，这种幸福是随他事业的成功而来的。

琼斯用什么方法创造了这种奇迹呢？是的，他的身体是麻痹了，但是他能思考，他确实在思考、在计划。有一天，正当他致力于思考和计划时，他认识了那个最重要的法宝——积极的思维心态。就在此时此地，他做出了自己的决定。

琼斯要发展积极的思维心态。他要满怀希望，抱着积极乐观精神，培养愉快情绪，从他所处的地方，把创造性的思考变为现实。他要成为有用的人，他要供养他的家庭，而不是成为家庭的负担。

他把他的计划讲给家人听。

"我再不能用我的手劳动了，"他说，"所以我决定用我的心理从事劳动。如果你们愿意的话，你们每个人都可以代替我的手、足和身体。让我们把我们农场每一亩可耕地都种上玉米。然后我们就养猪，用所收的玉米喂猪。当我们的猪还幼小肉嫩时，我们就把它宰掉，做成香肠，然后把香肠包装起来，用一种牌号出售。我们可以在全国各地的零售店出售这种香肠。"他低声轻笑，接着说道，"这种香肠将像热糕点一样出售。"

这种香肠确实像热糕点一样出售了！几年后，牌名"琼斯仔猪香肠"竟成了家庭的日常用语，成了最能引起人们胃口的一种食品。

通过积极的思维心态，琼斯还取得了比这更大的成就，那就是把他的法宝翻到了"积极的思维心态"的一面。这样，虽然他在生理上遇到了重重障碍，他却成了一个愉快的人。

积极挑战，到达成功的彼岸

如果你有积极思维的好习惯，那么无论遇到什么样的人生败局你都不必害怕。只要你不放弃，你最后就能到达你要去的目的地。许多杰出人士就是这样一步一步走向成功的，我们来看看林肯成功的例子。

1832年，林肯失业了，这显然使他很伤心，但他下决心要当政治家，当州议员。糟糕的是，他竞选失败了。在一年里遭受两次打击，这对他来说无疑是痛苦的。

接着，林肯着手自己开办企业，可一年不到，这家企业又倒闭了。在以后的17年间，他不得不为偿还企业倒闭时所欠的债务而到处奔波，历尽磨难。随后，林肯再一次决定参加竞选州议员，这次他成功了。他内心萌发了一丝希望，认为自己的生活有了转机："可能我可以成功了！"

1835年，他订婚了。但离结婚还差几个月的时候，未婚妻不幸去世。这对他精神上的打击实在太大了，他心力交瘁，数月卧床不起。1836年，他得了神经衰弱症。

1838年，林肯觉得身体状况良好，于是决定竞选州议会议长，可他失败了。1843年，他又参加竞选美国国会议员，但这次仍然没有成功。

林肯虽然一次次地尝试，但却一次次地遭受失败：企业倒闭、情人去世、竞选败北。要是你碰到这一切，你会不会放弃——放弃这些对你来说是重要的事情？

林肯没有放弃，他也没有说："要是失败会怎样？"1846年，他又一次参加竞选国会议员，终于当选了。

两年任期很快过去了，他决定要争取连任。他认为自己作为国会议员表现是出色的，相信选民会继续选举他。但结果很遗憾，他落选了。

因为这次竞选他赔了一大笔钱，林肯申请当本州的土地官员。但州政府把他的申请退了回来，上面指出："做本州的土地官员要求有卓越的才能和超常的智力，你的申请未能满足这些要求。"

接连又是两次失败。在这种情况下你会积极地坚持继续努力吗？你会不会说"我失败了"？

然而，林肯没有服输。1854年，他竞选参议员，但失败了；两年后他竞选美国副总统提名，结果被对手击败；又过了两年，他再一次竞选参议员，还是失败了。

林肯尝试了11次，可只成功了2次，他一直没有放弃自己的追求，他一直在做自己生活的主宰。1860年，他当选为美国总统。

亚伯拉罕·林肯遇到过的敌人你我都曾遇到。他面对困难没有退却、没有逃跑，而是以积极的思维和态度坚持着、奋斗着。他压根就没想过要放弃努力，他不愿放弃，所以他成功了。

一个人想干成任何大事，都要能够积极地坚持下去，只有积极地坚持下去才能取得成功。说起来，一个人克服一点困难也许并不难，难的是能够积极地持之以恒地做下去，直到最后成功。

生活中有些挫折会让你措手不及，而对它你可以哭泣地放弃，也可以微笑着崛起。杰出人士会选择后者，他们认为只要具有了积极的思维习惯，那么所有的打击都只能让你变得更优秀更强大！

一天，美国的杰出作家拉马斯·卡莱尔的《法兰西革命》一书手稿，女仆误作引火材料烧毁了。几年辛劳，付诸东流。一时间，卡莱尔不免捶胸顿足起来。没多久，他那了不起的心理承受力，对灭顶之灾释然一笑的乐观胸襟，使这位作家跨越了危机，突破了人生败局重新振作起来。后来，他重新一字一句地写完了这本书。此书为大众认可，成了经久不衰的名著。

一个人要能自在自如地生活，心中就需要多一分坦然。以积极思维笑对人生的人比起在曲折前悲悲戚戚的人，始终坚信前景美好的人较之心头常常密布阴云的人，更能得到成功的垂青。

1914年12月的一天晚上，爱迪生在新泽西州的某市一家工厂失火，将爱迪生近100万元的设备和大部分研究成果烧得干干净净。第二天，这位67岁的发明家在他的希望与理想化为灰烬之后，来到现场。大家都用同情和怜悯的眼光看着他，而他却镇定自若地对众人说："灾难也有好处，它把我们所有的错误都烧光了，现在可以重新开始。"正是这种积极而超凡脱俗的乐观心态，使这位大发明家在事业上步步迈向成功。

马克·吐温被评论家们称为美国最伟大的爱开玩笑的人。其实，他也是美国最深刻的哲学家之一。他从小就接触到生活的种种悲剧：两个哥哥和一个姐姐，在他年轻时相继死去；他的4个孩子，在他还活在人世的时候，一个个先他而去。他饱尝了生活的苦楚，可他坚信，如果我们以欢笑为止痛剂来减轻失败的苦痛，我们也能得到乐趣。我们可以适当地使自己处于超然的地位，来观赏我们自身痛苦的情景。

在沉重的打击面前，需要有处变不惊的积极而乐观的心态，这样就能战胜沮丧，化坎坷崎岖为康庄大道。你可能一时丢掉了原本属于你的东西，或是毁了一次机会，但是，在精神上决不能失望毁灭。冷静而达观，愉快而坦然，是成功的催化剂，是另辟蹊径、迎接胜利的法宝。

失败通常会被人们认为是一种不幸，但是只有很少数人能够了解失败之所以会成为一种不幸，主要是因为人们把它当成一种不幸。杰出人士不会这么认为，他们认为世界上没有永恒的失败，只有不会积极思维的人。

在仔细分析过100名杰出人士之后，我们发现他们都曾被迫经历过困难、暂时的失败与挫折，而且这些困难与挫折可能是你永远不知道，以及将来也永远不会知道的。

英年早逝的威尔逊总统是一个饱受诽谤与失望的受害者，毫无疑问他认为自己是个失败者。时间，这一伟大奇迹的制造者，却把威尔逊的名字排在真正伟大人物名单的前列。

目前只有极少数人能够从威尔逊的"失败"中产生一种对全球和平的强烈愿望，因而使战争不可能再度发生。

林肯逝世时并不知道他的"失败"为这地球上一个强大的国家奠定了坚实的基础。哥伦布死时是名被套上铁链的囚犯，他怎么也没想到他的"失败"意味着一个国度的发现。这个国家曾由林肯和威尔逊用他们的"失败"来领导过。

不要随便使用"失败"这个字眼。

一位能干的经理不可能挑选那些没经过考验是否忠诚可靠、坚毅以及具备其他必备的品质的人充当助手。

重大的责任以及所有随之而来的报酬，总是落在那些不愿把暂时性的挫折当作永久性失败的人身上。

失败经常使一个人处于一种必须发挥其超常能力的境地。许多人已经从失败中获得胜利，无路可退的人只有决一死战。

恺撒早有征服英国的愿望，他悄悄派遣坐满士兵的军舰驶入大不列颠岛，卸下部队与补给品，然后下令烧毁所有船只。他把士兵召集到身边，说："现在不是胜利就是死亡，我们别无选择。"

他们胜利了！当人们决心取胜时通常都能如愿以偿。

烧掉你身后作为退路的桥梁，你的表现一定会更好，因为你已经知道没有后路可退。

一名公交车收票员向公司请假，到一家大贸易公司试干一段时间。他对一位朋友说："如果我不能成功地保住新工作，我随时可以回来做我的老工作。"

到月底他就回来了，除了在公交公司上班之后他没有任何别的雄心壮志。假设他当初不是请假，而是辞掉工作一走了之，他很可能在新的工作上获得了成功。

曾经流行全美的"13俱乐部运动"，也是因为其创始人在一次惊人的失望之后发起的。这个震惊使他的头脑更为开放，对这个时代的需求有更全面的了解，而这一发现则创造了这一时代最有影响的运动。

人们很难了解大自然的行事方式。如果不是如此的话，上天就无法用失败来考验哪些人可以委以大任！

世上从没有失败。看似失败的通常不过是暂时的挫折，请你用积极的思维心态去面对失败和挫折，才能突破人生的败局，从而获得成功。

人生充满无限可能

杰出人士在失败以后总是自己主动地站起来积极寻找失败的原因，而不是消极悲观地站在败局面前悲泣，所以下一次的成功将属于他们。

在现实社会生活中，那些自认为没有成功之命的人，是不会有所作为的，因为在他的潜意识里，以为失败就是命中注定的。他不会去积极追究失败的缘由，寻找错误的因素，而是一味地叹息失落，茫然不前。而那些善于积极思维的人，不断探究自己失败原因的人就迥然相反，他们会总结失败的教训，改正错误的做法，继而再次向人生的最高目标发起攻势，运用各种才能，通过学习补充和完善自己，吸取教训，再重新审视自我，发现自己的优势，积极发奋向上，直至成功。

在美国化妆品界享有盛名的玫琳凯化妆品公司，在创业之初，就是由玫琳凯倾其所有投资创办的，而且当时玫琳凯的两个儿子为了支持母亲的事业都放弃了收益丰厚的公职，到母亲的公司里工作。她用很短的时间研制成功一种功效奇特的化妆品，满以为能在一次产品展销会上打响走红，但出乎意料的是在整个展销会上只售出了1.5美元的化妆品，残酷的现实就在这位年近60岁的老人面前无情地出现了。

在这种失败的打击下你会怎样？去叹息，去悔恨，去发牢骚，那都是没有用的。那么玫琳凯是怎样做的呢？

老人是位强者，她不相信什么成事在天，她知道还是自己的某些做法出现了错误，玫琳凯面对这巨大的挫折，责问自己，究竟错在哪里？她的积极思维方式开始显现作用，她从新的角度去审视自己的做法，寻找到底在哪里出了问题。通过考察积极的思维，玫琳凯发现，自己的产品在展销前没有做任何宣传和包装，也没有向别人发过任何订货单，只是坐在柜台前等待着爱美的女士主动来购买。而别人的化妆品，却运用广告轰炸，包装宣传搞得热火朝天，订货的数量就可想而知了。

自己积极主动地站起来寻找失败的原因，不只是消极地站在败局面前悲泣，这是一个人成功的前提，也是一种"杰出"的选择。也正因为玫琳凯这明智的举动，才有了她以后的成功。

玫琳凯深深明白，成功不是哭出来的，因为商战不相信眼泪，她坚强地从失败的废墟上站起来，用理性和敏锐的眼光，用积极主动和有力的措施，在狠抓管理的同时，加强销售队伍的素质管理和强化训练，经过20多年的苦心经营，到20世纪90

年代，玫琳凯化妆品公司由初创时的9名员工，发展到已拥有5000余名雇员的跨国公司，并且拥有一支20多万人组成的营销队伍。

在20世纪90年代初期，玫琳凯化妆品公司的年销售额就超过了3亿美元，年逾古稀的老人，终于实现了自己设计的梦想，走进了成功者的行列。

可见，在现实社会生活中，一个人要想取得成功，光立志是不行的，还需要具有积极的自我反思的思维能力。如果没有理智和智慧同失败的较量，老人可能由此会一败涂地，成为她人生最大的败笔，但老人没那么做。而我们现实中有很多年富力强的壮年人却做不到这一点，但愿老人能成为我们的楷模。

如果有谁向我们说：一个中枢神经残废，肌肉严重衰退，失却了行动能力，手不能写字，话也讲不清楚，终生要靠轮椅生活的青年，凭借一个小书架，一块小黑板，还有一个他以前的学生做助手，竟然在天文学的尖端领域——黑洞爆炸理论的研究中，通过对"黑洞"临界线特异性的分析，获得了震动天文界的重大成就，对此，你一定会感到惊奇，然而，这却是不容置疑的事实，他为此荣获了1980年度的爱因斯坦奖金。

他的名字叫史蒂芬·霍金，是个英国人，当时只有35岁。更有趣味的是，作为天文学家，他从不用天文望远镜，却能告诉我们有关天体运动的许多秘密。他每天被推送到剑桥大学的工作室里，干着他饶有兴趣的研究工作。

我们常常惊叹那些专业知识的底子甚薄，然而在某些或某一个特殊方面、特殊领域成就卓著的"鬼才"们。其实，奇人霍金的研究方式和研究手段，以及他借此而获得的高度成就，说明世间还有另一类"鬼才"，即由于残疾之类不幸的折磨和求生意愿的炽烈而激发的特殊洞察力或特异才能。只要人的精华——积极思维着的大脑依然蓬勃地工作着，就有不可限量的人生希望和创造潜力，就不存在不能克服的困难。在这里，消极的悲观或者积极的乐观，坚强或者懦弱，前进还是退却，依附还是自立，像效率可靠的阀门一样，给残疾人的生存智慧开启着成功之路或自弃的际遇。

霍金的获奖，是赢得了科学界公认的理论物理学研究的最高荣誉。就是体魄健全、研究工作条件一流的理论物理学的研究工作者，又能有几个获得这样的殊荣？这似乎暗示着：人类生存智慧的重大命题之一，即真正地认识"天生丽质难自弃"的规律。

不论你的生存条件如何，都不要自我磨灭自身潜藏的积极思维的智能，不要自贬可能达到的人生高度，要锲而不舍地积极地去克服一切困难发掘自身才能的最佳生长点，扬长避短地朝着人生成功大踏步前进。

Chapter 5

有超人之想，才有超人之举

创新思维赢得柳暗花明

在一件事情的发展陷入空前的绝境时，一些人袖手旁观，一些人束手无策，只有很少的一部分人挺身而出，以创新思维赢得柳暗花明的境界，这些人无疑是相当杰出的。

北京获得2008年奥运会举办权，举国欢庆，成了北京、中国，乃全世界华人的一大盛事，因为举办奥运会是一个"香饽饽"，一块"肥肉"！可是在20世纪后半期，举办奥运会却是令人害怕的事。

为什么呢？

1972年，第20届奥运会在联邦德国的慕尼黑举行，最后欠下了36亿美元的债务，很久都没有还清；1976年，第21届奥运会在加拿大的蒙特利尔举行，最后亏损了10多亿美元之巨，成了当地政府的一个大包袱。1980年第22届奥运会在苏联的莫斯科举行，苏联的确财大气粗，比上两届举办城市耗费的资金更多，一共花掉了90多亿美元，造成了空前的亏损。

面对这种情况，1984年的奥运会几乎到了无人问津的地步，还是美国的洛杉矶看到没有人敢拿这个"烫手的山芋"，就以唯一申办城市"获此殊荣"，企图通过这种方式来显示其泱泱大国的实力。可是等拿到了奥运会的举办权之后不久，美国政府就公开宣布对本届奥运会不给予经济上的支持，接着洛杉矶市政府也说，不反对举办奥运会，但是举办奥运会不能花市政府的一分一厘……

谁能够出来挽救这场危机呢？最后是杰出人士彼得·尤伯罗斯化解了这场危机，并让举办奥运会成为新的生产力大幅度拉动了经济的增长。那么彼得·尤伯罗斯是何许人呢？

1937年，彼得·尤伯罗斯出生在美国伊利诺伊州文斯顿的一个房地产主家庭。大学毕业后在奥克兰机场工作，后来又到夏威夷联合航空公司任职，半年后担任洛杉矶航空服务公司副总经理。1972年，他收购了福梅斯特旅游服务公司，改行经营旅游服务行业。1974年，他创办了第一旅游服务公司，经过短短4年的努力，他的公司就在全世界拥有了200多个办事处，手下员工1500多人，一跃成为北美的第三大旅游公司，每年的收入达2亿美元。他的这些业绩不能说是惊天动地的，但是他非凡的管理才能由此可见一斑。彼得·尤伯罗斯因此担起了这副重担，担任起了奥运会组委会主席。举办奥运会的难处是他始料不及的。一个堂堂的奥运会组委会，居然连一个银行账户都没有，他只好自己拿出100美元，设立了一个银行账户。他拿着别人给他的钥匙去开组委会办公室的门，可是手里的钥匙居然打不开门上的锁。原来房地产商在最后签约的时候，受到了一些反对举办奥运会的人的影响把房子卖给了其他人。事已至此，尤伯罗斯只好临时租用房子——在一个由厂房改建的建筑物里开始办公。尤伯罗斯激动人心的"五环乐章"开始了，下出了惊人的三妙棋。

第一着：拍卖电视转播权。

彼得·尤伯罗斯是这样分析的：全世界有几十亿人，对体育没有兴趣的人恐怕找不到几个。很多人不惜花掉多年积蓄，不远万里去异国他乡观看体育比赛。但是更多的人是通过电视来观看体育比赛的。因此，事实证明，在奥运会期间，电视成了他们不可或缺的"精神食粮"。很显然，电视收视率的大大提高，广告公司也因此大发其财。彼得·尤伯罗斯看准了，这就是举办奥运会的第一桶金子。他决定拍卖奥运会电视转播权！这在奥运会的历史上可是破天荒的。要拍卖就要有一个价格，于是有人就向他提出最高拍卖价格1.52亿美元。

尤伯罗斯微微一笑："这个数字太保守了！"

众人一致认为，1.52亿美元都已经是天文数字了，那些嗜钱如命的生意人能够拿出这样一大笔钱就已经不错了。大家都用怀疑的眼光看着他，觉得他的胃口也太大了。精明的尤伯罗斯早就看出了这一点，不过只是微微一笑，没有做过多的解释。他知道，这一仗关系重大。于是，他决定亲自出马，来到了美国最大的两家广播公司进行游说，一家是美国广播公司，一家是全国广播公司。同时。他又策划了几家公司参与竞争。一时间报价不断上升，出乎人们的意料，就这一笔电视转播权的拍卖就获得资金2.8亿美元。真可以说是旗开得胜！

第二着：拉赞助单位。

在奥运会上，不仅是运动员之间的激烈竞争，还是各个大企业之间的竞争，因为很多大企业都企图通过奥运会宣传自己的产品。从某种程度上说，这种竞争常常会超出运动场上的竞争。

为了获得更多的资金，尤伯罗斯想方设法加剧这种竞争，于是奥运会组委会做出了这样的规定：

本届奥运会只接受30家赞助商，每一个行业选择一家，每家至少赞助400万美元，赞助者可以取得在本届奥运会上获得某项产品的专卖权。鱼饵放出去之后，各家大企业都纷纷抬高自己的赞助金，希望在奥运会上取得一席之地。在饮料行业中，可口可乐与百事可乐是两家竞争十分激烈的对头，两家的竞争异常激烈。在1980年的冬季奥运会上，百事可乐获得了赞助权，出尽了风头，此后百事可乐销量不断上升，尝到了甜头。可口可乐对此耿耿于怀，一定要夺取洛杉矶奥运会的饮料专卖权。他们采取的战术是先发制人，一开口就喊出了1250万美元的赞助标码。百事可乐根本没有这个心理准备，眼巴巴地看着别人拿走了奥运会的专卖权。

照片胶卷行业比较具有戏剧性。在美国，乃至在全世界，柯达公司认为自己是"老大"，摆出来"大哥"的架子，与组委会讨价还价，不愿意出400万美元的高价，拖了半年的时间也没有达成协议。日本的富士公司乘虚而入，拿出了700万美元的赞助费买下了奥运会的胶卷专卖权。消息传出之后，柯达公司十分后悔，把广告部主任给撤了。

不用细细叙述。经过多家公司的激烈竞争，尤伯罗斯获得了3.85亿美元的赞助费。他的这一招的确比较凶狠：1980年的冬季奥运会的赞助商是381家，总共才筹集到了900万美元。

第三着："卖东西"。

尤伯罗斯的手中拿着奥运会的大旗，在各个环节都"逼"着亿万富翁、千万富翁、百万富翁等有钱的人掏腰包。火炬传递是奥运会的一个传统项目，每次奥运会都要把火炬从希腊的奥林匹克村传递到主办国和主办城市。1984年美国洛杉矶奥运会的传递路线是：用飞机把奥运火种从希腊运到美国的纽约，然后再进行地面传递，蜿蜒绕行美国的32个州和哥伦比亚特区，沿途要经过41个城市和将近1000个城镇，全程高达15000公里，最后传到主办城市洛杉矶，在开幕式上点燃火炬。尤伯罗斯为首的奥运会组委会规定：凡是参加火炬接力的人，每个人要交3000美元。很多人都认为，参加奥运会火炬接力传递是一件人生难逢的事情，拿3000美元参加火炬接力——值。就是这一项，他就又筹集了3000万美元。奥运会组委会规定：凡是愿意赞助25000美元的人，可以保证在奥运会期间每天获得两人最佳看台的座位，这就是1984年美国洛杉矶奥运会的"赞助人票"。

奥运会组委会规定：每个厂家必须赞助50万美元才能到奥运会做生意，结果有50家杂货店或废品公司也出了50万美元的赞助费，获得了在奥运会上做生意的权利。组委会还制作了各种纪念品、纪念币等，到处高价出售……

尤伯罗斯就是凭着手中的指挥棒，使全世界的富翁都为奥运会出钱，他则不断地把钱扫进奥运会组委会的腰包里……

现在我们来看洛杉矶奥运会的结果：美国政府和洛杉矶市政府没有掏一分钱，最后赢利2.5亿美元，创造了一个世界奇迹。从此，奥运会的举办权成了各个国家争夺的对象，竞争越来越激烈。尤伯罗斯之所以受命于危难之际而最后创造了奇迹，关键就是他创新的奇思妙想，以创新思维突破发展的瓶颈，最后在竞争中脱颖而出。

立足创新，锐意进取

任何人的事业发展都不会是一帆风顺的，都会遇到这样那样的障碍。杰出人士也不例外，他们会用创新思维突破发展的障碍，求得新发展。请看杰出人士福特的例子。

由于T型车推出深受广大人民的喜爱，各处订单不断涌来，使得福特汽车公司的生产供不应求，各地的购车者不少来到公司等待发货，因此在极短时间内扩大公司的生产能力已成为当务之急。

于是，福特在当务之急采用了零件的通用性。在此之前，惠特尼和科尔特曾在标准化方面领先，它对于批量生产是至关重要的；接下来是亨利·利兰在形成新标准方面也值得称道，也正是这些新标准使福特的技术成为可能。福特公司早期负责人之一马克思·沃勒林回忆说："零件的通用性对于我不是什么新鲜事，但它对于福特汽车公司也许是新鲜的，因为他们不可能在那方面有很多经验。"然而，福特迅速本能地认识到它的至关重要。福特最重要的资本就是零件的通用性。他以及任何一位制造商都认识到，为了大批量地生产产品，零件的通用性必须优良独特，以便迅速胜任这一快速装配线的运转。如果你打算生产大批量产品，就不能过多地依赖手工劳动或装配。

福特对自己这一领域取得的成功颇为得意，然而更令他得意的是利用生产流水作业方式来生产汽车。

装配线其实是模仿来的东西。芝加哥的肉类食品工业屠宰系统创立了"分解流水线"，这一技术是在别人采用了一代人的时间后才在福特工厂出现的。并且这项建议是福特公司的索伦森提出来，后来福特才对之详细说明的。在他的自传里写道："在我的最初装配时，只不过是在地板上找块地方把汽车安装起来，工人们按顺序安装零件，同盖房子的方法很相像。"他很快就认识到这样效率太低，"无人指挥的工人在走来走去选择工具方面和材料方面花去很多时间，超过实际操作的时间，工人们得到的报酬不高，因为这种'步行锻炼'不是按高额付酬的装配线"。1913年时，这种情形才起了变化。"当我们开始把工作安排给工人，而不是由工人自己安排工作时，朝装配流水线方向的转变就开始了。"

1910年，"福特汽车公司"在其新建的工厂中首先对汽车零件的组装方式进行了变革。

在技术人员和管理人员的努力下，一些汽车零部件的组装方式发生了变化。过去，一个工人要从头至尾完成一个复杂部件的装配工作，因而对工人的技术水平要求高，技术复杂也导致装配效率低，而现在一个部件被分解为几十道工序，由几十个工人分别负责各道工序，每道工序的技术复杂程度降低，专业化的分工又使工人操作的熟练程度增加，因而，劳动效率大大增加。过去，放在生产线上的加工部件的传送都是靠人力从一座工作台搬运到另一座工作台上，工人的劳动强度大，耗费在搬运路上的时间多，而现在的工作台则一台台地连接起来，并安装了一系列的动力滑槽，这样一来，前一名工人完成自己的工序后，便可利用身边的滑槽，将自己加工完的部件滑向另一座工作台，既缩短了工作台之间的运输距离，又大大降低了工人的劳动强度，并且使工人的劳动效率大大提高。

1913年8月，福特决定将零部件流水生产的方式推广应用到汽车总装配线上。而福特汽车公司在对总装配线进行改革时，用一台起重机和一条250英尺长的绳索将汽车底盘从厂房一头拉向另一头，在底盘移动过程中，工人们则从底盘移动路线两旁按规定放置的零部件堆放地点上，按规定的要求将相关的零部件装配在汽车上，底盘移动到厂房另一头时，一台完整的汽车就装配好了。此种生产方式将原来装配一辆汽车所需要的近13小时缩短为5小时50分钟。经过进一步的努力，加长了生产线，细化了工序，提高了工人的专业化程度，装配一辆车只需183分钟就行了。

　　1914年1月，福特汽车公司在其工厂安装了世界上第一条全过程链式总装传送带。3个月后，工人们已经能在93分钟内装配一辆汽车。不久，公司的生产专家们又在总装配线的两边安装了移动式的供给线，这些悬空式的辅助传送带，解决了场地部件的拥塞问题，大大提高了生产效率。

　　汽车流水线生产方式使公司汽车产量直线上升，1912年为8万辆，1913年为19万辆。当1908年T型车问世时，每辆为850美元，而1916年却为350美元。

　　在对事业的追求上，福特具有强烈的成功欲望，T型车和流水线的成功，更使他如醉如痴。此时，他提出了自己的毕生愿望："要以每分钟一辆的速度生产汽车。"为了这一天的到来，他不给他的雇员以喘息的机会，终于在1920年2月7日实现了自己的这一目标。

　　在大规模生产的条件下，福特汽车公司为了保证原材料及其汽车零部件的稳定供应和价格上的保障，于20年代初期至中期建设了规模宏大的鲁日厂。这是一座完全独立的工业城市，它长1.5英里，宽3/4英里，在1100英亩的厂区内有93座建筑物，其中23座大型厂房，有93英里长的铁路线，27英里长的传送带，75000多人在里面工作。里面集中了当时最现代化的设备和具有才华的技术及管理人员。

　　鲁日厂内几乎集中了当时制造汽车所需要的各类企业。当福特对市场上玻璃的供应和质量不满意时，他在鲁日建了一座玻璃厂，当市场上玻璃的价格为每平方英尺1.5美元时，鲁日玻璃厂的价格仅为20美分。当福特对市场上钢铁公司的供货情况和钢材质量不满意时，他问在鲁日厂内建一座钢铁厂大约需多少钱，当同事告诉他约需3500万美元时，福特果断地说："那你们还等什么？"很快，在鲁日厂内一座宏伟的钢铁厂耸立而起。只见载着矿石的驳船到达泊位后，矿石很快地运进钢铁厂并送进高炉，第二天铁水就浇入了铸模，当天晚上就变成了发动机。

福特汽车公司鲁日厂从创建到不断扩展，规模日渐壮大。1918年建造了小型反潜战舰，1920年生产钢铁，1925年制造拖拉机和汽车发动机。到了1928年，福特汽车公司从T型车转产A型车时，它已成为工业史上最令人惊叹的全能厂。整车的生产，从原材料到成品的出产仅用4天的时间。

对于这种全新的生产方式，福特在他的传记中有过精彩的描述："大量生产方式就像流动不息的河流一样。在正确的时间里涌出原材料的源泉，然后汇成一股股零件的河流；这些河流又以正确的时间汇聚成一条条大零件的大河；当这些以正确的时间流动的各条大河汇聚在河口处时，一辆完全的汽车就诞生了。"

后世的企业思想在相当大的程度上受到福特的启示。福特的销售战略及劳工财务管理法规，掀起了具有历史进步性的大量生产的产业革命。但是，福特更具贡献意义的是福特系统的运行即流水线生产方式的运用。

亚当·斯密在他的经典的《国富论》中曾明确提到劳动分工的问题，用制定工人为例说明了每人只集中完成一道工序将会如何提高劳动效率："一天能造出48000根钉子……但是如果他们分散开独自操作每一道工序……他们肯定每人每天造不出20个钉子，或许一天连一个也造不出。"后来，惠特尼、科尔特和利兰对这种劳动分工的必要性也深有体会。而只有福特使之发生了意想不到的转折，他让每个人担当不同的工序，由自动流水作业线完成这个任务，而且可以掌握各工序的快慢节奏，相互配合。由此看来，福特主义意味着比通用零件和大批量生产的成功更多的内容；它是对工作场所的改革，工人的能动性比之以往任何时候都最大限度地发挥出来。

也正是基于对劳动场所的不断改革，几乎从一开始，福特公司的工程师和管理者们就试图通过研究和完善自动流水线来最大限度地扩大再生产。他们先是采用来回移动所需的零件，力图减少工人多余的动作，然后以另外一些方法使工人成为自动流水线的组成部分，终于在劳动生产率和标准化方面有了突飞猛进的增长和提高，使福特T型车的压价销售成为可能。

福特在他的创业过程中又一次获得了巨大的胜利。在《亨利·福特和他的汽车公司》一书中，斯华德这样写道："推动这种生产方式变革的动力是亨利·福特本人。已迈进金钱滚滚事业的福特没有一点大王的架子。从其外表和言谈举止来看，根本不像是一位天生的主宰者。他沉默寡言，土里土气，既不年富力强，也不学识渊博，他所独有的就是敢于独创，大胆创新，又能持之以恒，这正是他成功之所在。"

福特首创的大批量流水生产方法和管理方式，在工业发展史上写下了光辉的篇章。这种生产方法和管理方式的历史功绩，一方面在于它所提供的大量物质财富促进了人们生活方式的改变，加快了汽车文明的形成；另一方面在于它为整个工业的发展提供了楷模，正是从这个意义上讲，大批量流水作业的生产方式，至今仍被人们称为"福特生产方式"。

发展创新思维的方法

"与时俱进，开拓创新"是新时代吹响的号角，这证明"创新思维"已被提升到空前的高度！纵观古今中外的杰出人士都具有创新思维，他们坚信没有创新就没有发展。事实也证明，只有创新思维才能突破发展的瓶颈！

杰出人士事业的发展离不开创新思维，而创新的思维需要向传统思维挑战，只有如此才能更好地发挥创造力。

下面就是发展新思维的方法。

1. 吸纳各种创意

创意是杰出人士求发展的最大能量或者说资源。有一位从事保险业成功的推销员对拿破仑·希尔说："我从来不让自己显得精明干练。但我是保险业中最好的一块海绵，我尽量吸收所有良好的创意。"

2. 尝试变化

这是一个瞬息万变的世界，你要想求得更大的发展，就必须尝试着去变化。比如你完全没必要整天守着一条路线，你不妨换条路回家，换一家餐厅吃饭，或换个新的剧院，去交新的朋友，过一个同以前完全不同的假期，或计划在这个周末做两件你从来都没做过的事。

如果你从事的是销售业，你可以试着去对生产、会计、财务等发生兴趣，这样可以扩展你的能力，为你以后的更好发展打下坚实的基础。

3. 积极进取

悲观的人永远都不会成为杰出人士，杰出人士总是充满信心面对未来的发展。

拿破仑·希尔曾经有这样一位女学员，她只学了4年商业课程，但是她在4年之内已经开了四家五金店了，这可真是个了不起的成就。因为她在刚开始创业的时候，只有3500美元的资金。她既要应付同其他人的激烈竞争，而同时自己又缺乏经营经验。

在她的新店开张的时候，希尔去给她道贺，并问她是怎样做到这样的成就的，而其他别的店主还在为经营一家店铺而苦苦挣扎。

她是这样回答的："我的确很努力，但是光努力，光是早起或加班是不行的。因为这一行里的大部分人都在努力地工作。我之所以会成功，是因为我制订了'每周改良计划'。其实这个计划也很一般，它只是帮我过一周的时间，让我在一周内把自己的工作做得更好罢了。

"为了让自己的思想不走入歧途，我把工作分为了4项：顾客、员工、货物和升迁。我每天都把自己要改进的地方记下来。

"周一的晚上，我拨出4个小时来审视自己的构想。同时考虑将其中比较踏实的计划付诸实施。

"我问自己：'我还要做点什么来促进商品的销售呢？'我还想到了其他一些主意，其中有一个是，我想到我还可以做些变动以吸引小孩子来我的店里。因为我想，能吸引小孩子来店里的话，那么大人自然也会跟进来。我不断地想，最后终于有了一个办法，那就是给4岁到8岁的小孩子提供小型的纸玩具。效果真的很好，这些小东西不占地方，也不值钱，但最重要的是，这些玩具能让店里的顾客川流不息。

"请相信我，我的这个计划真的很有效。而且，我还学到了有关成功的生意观。这是每一个商人都该学会的。"

"那是什么呢？"希尔问。

"那就是，刚开始懂得不多没有关系，最重要的是，在开张后，你学到什么以及如何应用。"

看来要在激烈的竞争中发展壮大自己，就必须时刻保持创新的心态，积极进取。

4. 以更高的标准要求自己

杰出人士在追求发展的过程中，都会为自己不断设定更高的标准，不断寻找更有效的方法，或者降低成本以增加效益，或者用比较少的精力做更多的事情。"最大的成功"永远属于那些认为自己能把事情做得更好的人。

通用电气公司有一个口号，是这样激励他们的员工的：进步是公司最重要的一项产品。

事业的发展如逆水行舟，不进则退。杰出人士教给我们做这样一个练习：

每天，在开始工作之前，都花10分钟想："今天我怎么才能把工作做得更好呢？""今天我怎么激励我的员工呢？""我还能为顾客做点什么呢？""我怎么才能让自己的工作更有效率呢？"

这个练习很简单，但是效果很好。在这个练习里，你会找到无数创造性的方法来获得更大的成功。你的心理态度决定了你的能力。你觉得你能做多少，你就做多少。如果你相信自己能做得更多，那么你就能创造性地想出各种办法。

5. 善于学习

杰出人士为求得更大的发展，总是在孜孜不倦地学习。学习有很多种渠道。这里重点说说向别人学习以提升自己的创造力。

你的耳朵就是你自己的接收频道，它为你接受很多的资料，然后转变成创造力。我们当然不会从自己说的话里有什么收获，但是却能从"提问题"和"听"中学到不少的东西。

杰出人士拿破仑·希尔在年轻时就非常善于向各种人学

习。他通过同上层阶级的人交谈过上百次之后，终于明白了一个道理：一个人身份越高，地位越高，他就越知道怎样"鼓励别人说话"，反而是地位低的人，才擅长滔滔不绝地讲话。

所以说无论是哪个行业的杰出领导人，他们花在请别人说话上的时间，都比他们下达命令的时间要多。杰出领导人在决定一件事情时，通常都会问："你对这件事怎么看？""提个建议好吗？""如果遇到这种情况你会怎么样？""你对这件事有什么反应？"这表面上看非常稀松平常，但是实际上却为他以后的发展做了很好的铺垫。

6. 善于把握良机

杰出人士不会放弃任何一个发展良机，哪怕这个机会只是偶然的一个灵感，他们都会用发展的眼光对待它。

有一个油漆制造公司的杰出的会计，他和希尔谈起一项他非常成功的投资生意。当然，这个灵感也是从别人那里得来的。

"对于房地产，我向来没什么兴趣，"他说，"我干会计这一行已经好几年了，我很喜欢我自己的工作，并没有改行的打算。但突然有一天，有一个房地产业的朋友邀请我参加房地产俱乐部的午餐会。那天的演讲人，是一位德高望重的老先生，他谈了对这个地区20年后的预想，他估计本市的繁华还会持续下去，并逐渐向四周发展。同时，他还预测，对'精致农场'的需求还会增长，这些农场只有2～5亩大，正好有容纳游泳池、骑马场和花园以及一些其他爱好的空间。他的话让我感到很吃惊，因为他说的正是我想要的。后来我咨询了我的其他几个朋友，发现他们同我也有相同的需求。于是我开始考虑'用这个来赚钱'。有一天，在我去上班的途中，我突然想到，为什么不买大卖小呢？我零卖出的土地价格一定会比我整块地买进价格高。于是，我发现离市中心22里的地方有一块50亩的地只卖8500美元时，我毫不犹豫地买下来。然后，我开始在那块地里种松树，因为我有一个朋友说，现代人都很喜欢树木，而且越多越好。我想让我的顾客们都知道，几年以后，这里的树木会长得很漂亮。后来，我又请一个测量员把50亩土地分成了10块。这时，我开始销售土地了，我自己找了几本销售经理人的名单和电话册，然后直接向他们出售。在信里我说，只要用3000美元，也就是一栋小公寓的价钱，就能在这里拥有一块好地。同时，我还指出了这里在健康方面给居民带来的好处。虽然我只能在晚上和周末的时间里推销，但是我只用36个星期就把这10块地都卖出去了，回收了3万美元。扣除掉我用去的全部费用，最后我赚进了19600美元。因为我有机会接触到有识之士的见解，所以我才赚了很多的钱。如果当时我这个外行人没有参加这个房地产俱乐部的聚会，我是永远也不会想出这个计划的。"

7. 激发灵感

杰出人士永远都不会满足自己目前的成就，他们擅长于以各种方法激发自己的灵感。下面简单介绍两种方法希望对你能有所帮助。

首先，你可以参加一个本行人组建的团体，定期同他们聚会，但是你必须选择一个有朝气的团体。要经常同那些有潜力的人交往，倾听他们的意见，听他们说："那个会议给我一个灵感。""我在这个聚会中突然有了个好主意。"请注意，孤独闭塞的心灵很快就会营养不良，变成贫瘠的土壤，再也没有创造力了。因此经常从别人那里获得一些灵感，是最好的精神食粮。

其次，至少参加一个外行的团体，认识一些从事着不同工作的人，会帮你开阔眼界，看到更遥远的未来。很快你就会知道，这样会对你的本行工作有多大的促进作用。

创意是思想的果实，但只有经过适当的管理、策划，才会在发展中挖掘它的最大价值。

每一棵橡树都会结很多的种子，但是可能只有其中的一两个才会最终成为树。因为橡树的种子大部分都被松鼠吃掉了。创意也是一样，松鼠就好比是消极保守的思想。一般的创意都是很脆弱的，如果不好好保护，就会被消极的思想吞掉，从创意到萌芽，再到最后变成效果显著的实施计划，都必须经过特殊的处理，请试着用上面的方法来保护并运用自己的创意求得更好的发展。

今后的世界需要创新

松下幸之助说："今后的世界，并不是以武力统治，而是以创新支配。"要发展、要成功，必然是从创新入手，在创新中成功，靠创新持续成功。

唯有创新才能脱颖而出，才能发展自己，在竞争中取胜。

我们盛赞伟大的科学家、企业家、政治家、艺术家，他们是杰出人士中的佼佼者，因为他们为人类历史、对人类的精神物质财富做出了或多或少的创造性贡献。

20世纪最杰出的经济学家之一熊彼得先生认为，企业家领导企业发展成功的原动力就是创新。他同时列举了企业家应当具备的能力：

（1）发现投资机会。

（2）获得所需的资源。

（3）展示新事业美丽的远景，说服有资本的人参与投资。

（4）组织这个企业。

（5）担当风险的胆识。

所有有志于发展的企业家，无不经历这个过程，无不具备这些能力。从这些能力可以看出，创新能力可体现为洞察力、预见力、想象力、判断力、决断力甚至行动力等。

杰出人士李嘉诚就是一个不断在创新中求发展的人，《李嘉诚传》中这样评价他：

"在香港经济迅猛发展且又变幻莫测的40年中，能够经得起大风暴，又独具判断能力的成功人士，自然首推李嘉诚。很多企业界的杰出人士都称道并且十分羡慕李嘉诚料事如神的独到眼光。他总是能够运用他准确、锐利的洞察力，总能比同时期、同行业的人棋先一筹。"

杰出船王包玉刚事业的发展经历对熊彼得先生的理论是一个很好的说明。包玉刚进入船运业的时间是1955年，当时他用20万元买了一条风吹浪打28年的旧船金安号。这一"惊人"之举遭到了几乎所有亲友的强烈反对。因为船运业不仅需要庞大的资金，而且风险极大。但是，包玉刚力排众议，毅然投身船运业。因为，他看到了在香港经营船运的巨大潜力。

"香港有天然的深水泊位和充足的码头，自1911年中国陷入动荡不安的年代，香港平静的海面，为国际贸易提供了可靠的大门。'二战'之后，世界经济复苏，各地之间的贸易往来增多。船运是最廉价的一种运输方式，必将大有作为。"包玉刚坚定地这样认为。

到1978年，包玉刚经过20多年的苦心经营，已拥有200多条船、2000万吨运输能力的庞大船队，荣登世界船王宝座。但就在此登峰造极之时，包玉刚又做出了令全球惊讶的决定：减船登陆！因为他又以极其敏锐的眼光，预见世界性的船运衰退即将到来。于是，他当机立断，及时卖掉了相当部分的船只，这使他顺利地逃过了船运大萧条时期的灾害。

实行"减船登陆"战略大转移的第一仗，就已经是世界商战史上的经典之作了。他以超人的胆魄和霹雳般的手段，斥资23亿元之巨，导演了精彩绝伦的九龙仓收购战，拉开了在港华人中资挑战英资的历史序幕，可谓气吞山河。

20世纪80年代之前，香港的经济命脉都是由英资所控制。但在80年代初期，以李嘉诚、包玉刚为代表的一批华人豪杰，经过20多年的原始积累，羽翼渐丰，可以与英资公开叫板了。

九龙仓是香港最大的码头，一直由香港四大财团之一的怡和洋行（英资）所控制。包玉刚经营船运20余载，深知码头的价值，所以他减船登陆的第一步就选择了九龙仓。

包玉刚仅用80多天时间就控制了30%九龙仓股权，远远超过怡和洋行的20%。怡和在大惊失色之后组织反扑。他们在一个周五股市收盘之后，突然宣布将以空前优惠的价格收购九龙仓股份至49%，而此时，包玉刚正在巴黎出差。怡和把包玉刚推到这样的境地：如包玉刚准备反收购，就必须在周六、周日银行休假日内，筹集20多亿港元现金——这在当时那种情形下，几乎是不可能的。

周一上午开盘，香港有史以来最大的一次收购战打响，但不到1小时战斗便结束了。证券商报价23亿港元，包玉刚当即开出一张23亿港元的巨额支票。怡和面对包氏雷霆万钧、排山倒海般的收购攻势毫无还手之力。至此，包玉刚持九龙仓49%股权，稳获控股地位，一跃成为九龙仓首任华人主席。

那么，包玉刚又是如何创造奇迹，在周末两日内筹到20多亿港元现金的呢？包玉刚首先找到汇丰银行老板沈弼，两人的对话十分简短：

"需要我怎么帮你？" "借我15亿现金。"

"OK，没问题。"

包玉刚又联系了九家金融机构，他们不约而同都表示全力支持，特别是香港华美银行，就在周一上午展开收购时，还给包玉刚送来信函，允诺可为他提供1亿美金的贷款，同时无须担保。

稍有金融常识的人都懂得，银行为保证货款的安全，几乎无一例外地要求被贷方提供等值抵押物或担保。为何不止一家银行肯为包玉刚打破银行惯例而提供巨额贷款呢？有专家经过研究认为，包氏主要运用了他的"个人无形资产"，即在几十年商海沉浮中建立起来的影响力、经营能力、预见能力和商业信誉——这本身又是一件史无前例的"创新"。

包玉刚的事业一步步发展靠的不是运气，而是他勇于创新、敢想敢为的精神气魄和超然智慧。

洛克菲勒有句名言："如果你想成功，你应辟出新路，而不要沿着过去成功的老路走……即使你们把我身上的衣服剥得精光，一个子儿也不剩，然后把我扔在撒哈拉沙漠的中心地带，但只要有两个条件——给我一点时间，并且让一支商队从我身边经过，那要不了多久，我就会成为一个新的亿万富翁。"

这样的豪情壮志，令人无不动容，这才是一个受人敬仰的大企业家的根本素质：绝地求发展，白手打天下。我们仿佛看到一个一无所有的高大身影，屹立在同样一无所有的沙漠上，以大无畏的精神气概向平庸、向贫困宣战：我能创新，我怕谁？

逆向思维创造奇迹

在竞争越来越残酷的时代，要想让自己的企业顺利发展并在市场中争得一席之地，事实上要用智慧在思维上做文章。杰出人士通常会用逆向思维突破事业发展的瓶颈，从而缔造辉煌业绩。

瑞士一位杰出的企业家在总结自己几年的经营经验时，不无感慨地说："市场上，唯一不变的规律，就是市场处在永远变化之中。"企业要在不断变化的市场环境中求得生存与发展，唯一的出路就是不断创新。创新的思维方法有很多，逆向思维就是主要的一种。

作为现代创造性思维方式的一种，逆向思维的特点在于改变常态思维的轨迹，用新的观点、新的角度和新的方式研究和处理问题，以求产生新的思想。

运用逆向思维，最大的敌人是管理者或技术创新人员自己的思维定式和解决问题的模式已经固化，很难改变，总是按照原有的旧套路解决各种管理问题和技术问题，从上到下，从技术人员到操作工人，轻车熟路，与人们的惰性一拍即合；因为用旧套路解决管理问题和技术问题，人人驾轻就熟，没有风险不说，就是出了问题也可以把责任推到方法本身。所以，运用逆向思维进行创新，首先要战胜自己。

日本丰田公司的精细生产方式就是典型的一例。在汽车的生产管理中，他们遇到的最大问题是产品产量如何与市场需求量相吻合，再就是在生产过程中零部件的"过量生产问题"。因为传统的汽车生产方式，都是把零部件加工作为"起点"，前道工序完成后把产品送到后道工序去，一直到总装配线这个"终点"。其结果是前道工序不知道后道工序何时需要多少零部件，很容易造成产品过量生产，使后道工序成为中间仓库，从而加大了生产成本，形成"过量生产"的浪费。如果按照一般人的思维模式解决这类问题，一定是加大市场信息的准确性，加大管理工作中"计划管理"这一环节的精确性。而丰田汽车公司解决这些问题却成功运用了逆向思维和系统思维的方法。其中的关键是彻底改变传统的工艺流程。

丰田公司的副总经理大野先生打破常规，勇敢地采取了"倒着干"的办法，变"终点"为"起点"。即后道工序在需要的时候到前道工序领取所需数量的零部件的方法。因为最后一道工序总装配线，市场营销部门只要给总装配线下达生产计划指出所需的车种、需要的数量、需要的时间，装配线就可以按计划到前道工序领取各种零部件。这样就使制造工序从后到前倒过来进行，直到原材料供应部门都连锁地、同步地衔接起来，从而满足恰好准时的市场需要。即使产品适应了市场，又能将管理工时和生产成本减少到最低限度。不用实地考察，从中我们也能领悟到这一创新工作的难度。杰出人士大野先生的成功就在于战胜自我，适应市场，而不是去适应原有思维方式与管理模式。

运用逆向思维进行创新，还要克服"随大溜"跟风走的思想方法和工作方法。仔细观察我国的市场，人们不难发现，不少企业缺乏创新，从产品开发到市场营销都存在不同程度的跟风现象。生产电视赚钱，都一窝蜂去搞电视生产线，生产VCD时髦就大量引进VCD生产线，人家搞豪华包装，自己也不惜血本豪华起来，人家当标王出了名自己也花巨资去称王称霸。实际上，如果看人家"进一步"前途光明的话，运用逆向思维，我们"退一步"也可以海阔天空。

河北一家清洁剂厂家的经历可以使我们大开眼界。在日常生活中，清除厨房油污是一件叫人挠头的事情：黏糊糊的油污，布擦不掉，水洗不净。于是各种各样的专用清洗剂应运而生，什么去油灵、除油净，有液体的，有粉状的，着实叫人眼花缭乱。仔细看，这些企业的产品无不体现一个"洗"字，就是绞尽脑汁把油污清洗下去。河北某厂沿着去污的思路来解决这一问题，他们从化妆品的面膜中得到启发，改变给厨房用具"洗澡"为"穿衣"。它的产品没有任何去污功能，而是在"防污"上打主意。只要将其均匀地涂在厨房器具的表面，20分钟后便形成一层透明的防护膜，等到油污积到一定程度，一撕即掉，就像女同胞日常用的面膜。这样，比起为厨具"洗澡"更省力。上市后，一炮打响。

运用逆向思维来解决企业经营中的问题的事例不胜枚举。这些事例告诉我们，如果锅烧开了要止沸，往锅里加水是一招儿，从灶里抽出柴火同样是一条路。"扬汤止沸"与"釜底抽薪"有异曲同工之妙。面对激烈的市场竞争，那种一条道走到黑的思维方式，那种不撞南墙不回头的行为方式，是不能在商战中取胜的。

杰出人士取得事业上的发展虽然不是简单的事，但也没有某些人认为的神秘性。他们在发展中创造的奇迹有赖于他们的创新精神。

世界上因创新而发展起自己的事业并获成功的杰出人士简直是不胜枚举。

法国美容品制造师伊夫·洛列是靠经营花卉发家的。

伊夫·洛列从1960年开始生产美容品，到1985年，他已拥有960家分号，各个企业在全世界星罗棋布。

伊夫·洛列生意兴旺，财源茂盛，摘取了美容品和护肤品的桂冠。他的企业是唯一使法国最大的化妆品公司"劳雷阿尔"惶惶不可终日的竞争对手。

这一切成就，伊夫·洛列是悄无声息地取得的，在发展阶段几乎未曾引起竞争者的警觉。

这有赖于他的创新精神。

1958年，伊夫·洛列从一位年迈女医师那里得到了一种专治痔疮的特效药膏秘方。这个秘方令他产生了浓厚的兴趣，于是，他根据这个药方，研制出一种植物香脂，并开始挨门挨户地去推销这种产品。

有一天，洛列灵机一动，何不在《这儿是巴黎》杂志上刊登一则商品广告呢？如果在广告上附上邮购优惠单，说不定会有效地促销产品。

这一大胆尝试让洛列获得了意想不到的成功，当他的朋友还在为巨额广告投资惴惴不安时，他的产品却开始在巴黎畅销起来，原以为会泥牛入海的广告费用与其获得的利润相比，显得九牛一毛。

当时，人们认为用植物和花卉制造的美容品毫无前途，几乎没有人愿意在这方面投入资金，而洛列却反其道而行之，对此产生了一种奇特的迷恋之情。

1960年，洛列开始小批量地生产美容霜，他独创的邮购销售方式又让他获得巨大成功；在极短的时间内，洛列通过这种销售方式，顺利地推销了70多万瓶美容品。

如果说用植物制造美容品是洛列的一种尝试，那么，采用邮购的销售方式，则是他的一种创举。

时至今日，邮购商品已不足为奇了，但在当时，这却是行之所未行。

1969年，洛列创办了他的第一家工厂，并在巴黎的奥斯曼大街开设了他的第一家商店，开始大量生产和销售美容品。

伊夫·洛列对他的职员说：

"我们的每一位女顾客都是女王，她们应该获得像女王那样的服务。"

为了达到这个宗旨，他打破销售学的一切常规，采用了邮售化妆品的方式。

公司收到邮购单后，几天之内即把商品邮给买主，同时赠送一件礼品和一封建议信，并附带制造商和蔼可亲的笑容。

邮购几乎占了洛列全部营业额的50%。

洛列邮购手续简单，顾客只须寄上地址便可加入"洛列美容俱乐部"，并很快收到样品、价格表和使用说明书。

这种经营方式对那些工作繁忙或离商业区较远的妇女来说无疑是非常理想的。

这种优质服务给公司带来了丰硕成果。公司每年寄出邮包达99万件，相当于每天3万～5万件。1985年，公司的销售额和利润增长了30%，营业额超过了25亿，国外的销售额超过了法国境内的销售额。

如今，伊夫·洛列已经拥有400余种美容系列产品和800万名忠实的女顾客。

洛列的经历正好证实了金克拉的话："如果你想迅速致富，那么你最好去找一条捷径，不要在摩肩接踵的人流中去拥挤。"

在摩肩接踵举步维艰难发展，不如走一条尚没有人走过的路，迅速崛起，这就需要你具备一定的创新精神。此便是杰出人士与普通人的区别吧。

做一个思维创新的人

在众多信仰当中，思维创新是最独特的，也是最有效的。杰出人士求得事业发展靠的就是思维创新。

杰出人士邹衡是一位资深的教授，他在告诫我们时说："为什么有那么多人不能拯救自己，始终陷入一种痛苦的挣扎中呢？就是因为他们有健康的身体，却无健康的大脑，没有思维创新的能力，完全不能根据自身条件和时机寻找一条有创意的道路。创新思维是你在百般无奈时、沉思默想时意外的发现，是一种精细的观察，是一种才智的爆发！"

生活中，思维创新更是不可或缺的。以求职为例，职业的多样性，给每个求职创意的人提供了可能。假如只有一种职业适合自己的观点，肯定是错误的，因为它本来就缺少创意，仅仅是一种不愿努力改变自身被动状态的懒惰心理而已。

"工作唯有改变才能创新人生。这就是说，现代人试图改变人生的方法就是把智慧用在工作的创新中，力戒一种工作适合于自己的观点。用不同的工作挑战自我，就是最大的创新！"

　　而这些，只有通过思维的创新才能实现。我们应该开动大脑，思考自己的未来，才能突破事业发展的瓶颈。

　　人应该知道思维创新的重要性，它是撞击成功迸发出来的火花，养成思维创新的习惯，是任何一个杰出人士必备的素质。

　　历史是源远流长而伟大的，这需要大家用心来学习。但我们在学习前人优秀东西的同时，也为自己编织了一张无形的网——前人固有的思想的一张网。这张网给了我们许多知识，但有时候也网住了我们自己的思想。此时，只有勇敢地否定前人，冲破这张网，才能够创造新的东西，得到新的发展。

　　18世纪化学界流行"燃素学"。这种认为物体能燃烧是由于物体内含有燃素的错误学说，严重束缚了人们的思想，误使许多科学家都去积极寻找燃素，没有一个人对此表示怀疑。瑞典化学家舍勒也是热衷于寻找燃素的人，他从硝酸盐、碳酸盐的实验中，得到了一种气体，实际上就是氧气。但他却以为自己找到了燃素，命名为"火气"，并解释为火与热是火气与燃素结合的产物。舍勒如果不受燃素说的影响，就可以成为第一个发现氧气的人。英国人普利斯特在实验中也得到了氧气，可是也因为笃信燃素说，而把氧气说成"脱燃素的空气"，遭到了舍勒同样的命运。

后来，普利斯特把加热氧化汞取得"脱燃素的空气"的实验告诉了拉瓦锡。拉瓦锡却未从众，他不受燃素说的束缚，大胆地提出怀疑，经过分析，他成为了第一个发现氧气的人，使化学理论进入了一个新的时期。

要善于思维创新，要敢于否定前人，培养提出问题的能力。学习新知识，不能完全依靠老师，也不能盲目迷信书本，应勇于质疑问题。勇于提出问题，这是一种可贵探索求知精神，也是创造的萌芽。创造的机制是：由于知识的继承性，在每个人的头脑里都容易形成一个比较固定的概念世界，而当某一些经验与这一概念世界发生冲突时，惊奇就会开始产生，问题也开始出现。而人们摆脱"惊奇"和消除疑问的愿望，便构成了创新的最初冲动。因此"提出问题"是创新的重要前提。

1922年俞平伯出版了他的第一部诗集《冬夜》。该诗集收录了俞平伯数年间创作的100余首新诗，在我国的新诗发展史上，具有开创性的历史地位。

当时，由于我国的新诗尚处于刚刚起步阶段，对新诗创作的理论探讨与总结，就显得格外需要与迫切。俞平伯结合自己的创作实践，在此方面卓有建树。

在《冬夜》的自序中，俞平伯现身说法总结道：

"我怀抱着两个作诗的信念：一个是自由，一个是真实。作诗原来是件具体的事情，很难用什么抽象概念说明它。

"我不愿顾念一切作诗的律令，我不愿受一切主义的拘牵，我不愿去模仿，或者有意去创造哪一诗派，我只愿随随便便的，活活泼泼的，借当代的语言，去表现出自我，在人类中间的我，为爱而活着的我……"

在此，俞平伯无所顾忌地道出了自己的两大创作理念，一是自由，二是真实。他的所有创作都是基于上述理念完成的，因而带有鲜明的个性与时代特色。这两大创作理念也可以被看作新诗创作中具有共性的基本原则。正是因为追求自由，他才思考自己的思维方式，探求走自己的路。正是创新的思维使这些成为现实。

俞平伯就是一位敢想敢做，善于思考创新的杰出人士。

多少年来，不知有多少杰出人士为创新而向历史发出挑战，或许人们已经把他们的容貌淡忘了，但他们的精神，他们对历史做出的贡献却一代又一代地影响着人们，影响着千千万万的世人。

独辟另一条蹊径

杰出人士之所以能在事业的发展中取得惊人的成就是因为他们在一开始就有与众不同的想法。

杰出人士希尔顿取得的成功就是他敢于独辟蹊径的结果。当时的得克萨斯，由于发现了石油，人们像当年在西部淘金一样，蜂拥而至，扑向石油开采业。唯独希尔顿看准了饭店业，这个行业竞争少，因而给希尔顿带来了滚滚的财富。许多杰出的百万富豪都以十分独特的方式开创了自己的事业。他们一般喜欢研究经济学与心理学，以免逆势操作。他们的理想职业极少是职业经纪人或是猎头公司所建议的，也几乎无人在就业博览会找到理想的工作。百万富豪们通常都在自己的创业生涯中做过一次正确的决策，他们会选择获利丰富的职业，而这职业也是他们所喜爱的。

再看另一个杰出人士亚弗瑞德·富勒的例子，他是"富勒毛刷"的创始人。他生于贫穷的农村，很难找到工作。他在两年内失去3个工作之后，开始卖毛刷。这时他才知道前面那3个工作都不适合他，他不喜欢那些工作。从此，富勒的人生有了重大的改变。

他适合当推销员。他知道自己将是出色的推销员，一心想在这个行业出人头地。他的表现好极了。接着他决心更上一层楼：创业。

富勒辞去推销员的工作。晚上自己做毛刷，白天拿去卖。营业额逐渐增加，他以月租金11美元租了一个旧仓库。雇了一名助理制作毛刷，自己负责销售，其后更不断扩大，成立富勒毛刷公司，拥有数千名推销员，年收入数百万元。

在事业的发展中看见别人看不到的机会，一条路走不通就试试另一条路，适合自己的才有发展前途。

一扇门关上时，杰出的人士知道他们下一步要做什么。他们会尝试其他方式，因为他们知道自己的优点与缺点。如果他们缺乏经费，就会选择其他的职业。毕雪普没钱念医学院，所以她就选择当药剂师，并且为一位顶尖的皮肤科医生工作，这位医生专门研究对化妆品过敏的症状。

她累积这些经验，最后在自己的厨房里发明了第一支接吻也不会留下唇印的口红。后来她的品牌占领了市场的25%。她的创意使她克服了经济的窘境，她绝对不可能因为当皮肤科医生而致富，因为有太多技术高超的皮肤科医生，但是发明不留唇印口红的，却只有毕雪普一人。

　　被后人誉为"可口可乐之父"的杰出人士阿萨·坎德勒，早年并未受过完整的正规教育，这使他想当一名医生或医学教授的理想成了泡影。但他没有灰心，也没有放弃学习，他选择了药剂师作为自己的职业，因为药剂师和医学比较接近，而且当药剂师不需要你上多少年学，可以直接去当学徒，在工作中学到许多医学知识。而且在当时，医生虽说是一种高尚的职业，但却很辛苦，工作时间很长，挣钱却并不多。当药剂师则不同，不仅工作条件好，时间自由，挣钱也比较多，更重要的是，有望以后自己当老板。

　　事实证明，阿萨·坎德勒的选择不仅是正确的，而且为他开辟了光明的未来。

　　他在药店工作的几年里，不但学到了他想学的医药常识，还学到了有关制药的实用技术，掌握了不少理论知识。

　　阿萨·坎德勒后来离开药店，创办了自己的公司，专营可口可乐的配置和销售，成为一位尽人皆知的富豪。

　　阿萨·坎德勒的成功，毫无疑问，首先应归功于他对职业的正确选择。

　　杰出人士的杰出就在于他们在寻求事业发展的方向时就具备创新思维，正是这独辟蹊径的方式指引他们走向了光明之路。

人生需要出奇制胜

"我本人与疯子唯一的不同之处就是我不疯。"

这句听上去有些"疯狂"的话语出自西班牙杰出画家萨尔瓦多·达里，从这句类似于宣言性的话语里，我们就可以想见这位杰出艺术家及其作品了。

在艺术创作领域里的发展似乎与在其他领域里的发展不完全相同。尽管我们在前面强调过世界上没有两片相同的树叶，也就没有两次不同的创业，但是，就创业而言，其中的确还有一些共同或共通的东西可以遵守，前人的，别人的，等等。而艺术创作则不同，一位作家，一位画家，一个音乐家，他们的价值其实就在于他的"与众不同"。他们要想在众多竞争对手中脱颖而出，使发展进入顺利阶段，就要用与众不同的东西去取胜。

我们可以想象一下，如果世界上的作家们写的东西都是同样的体裁，同样的手法，同样的故事情节，那该是多么无趣的事情呀！还有，如果世界上的画家画的画都是一个样子，那我们这个世界要缺少多少色彩。所以说，在艺术创作领域里的成功，一个重要的标准就是要与众不同，只有这样才能充分体现你的价值！

要在艺术这座象牙塔里取得杰出成就的每一个人，都应该将"与众不同"作为自己追求的目标，也只有这样，你才有可能取得令人注目的成就！

翻开西方任何一本著名的美术词典，我们不难发现这样一个现象：毕加索总是占据着最多的篇幅。毕加索能获得这样高的评价，不外乎证明了这样一个共识：他是20世纪世界最杰出的美术家。说他是最杰出的而不说他是最伟大的，是由于不管人们爱他恨他，都不得不承认毕加索在美术史上的巨大贡献，他在20世纪西方美术领域占据了无人替代的地位。

的确，要选出一个人代表20世纪西方美术乃至世界美术，哪怕觉得为难，或许最后还得投他一票。

在中国，有些文化艺术修养的人，大都知道毕加索这个名字，但对于他的生平、他的创作等方面就不一定了解了。可是要大体掌握西方美术的情况，无论如何不能绕开他。读了下面的这段文字，说不定还会喜欢这位时时出新、并不"易解"的现代派杰出的艺术大师。

关于毕加索的生平，这里不再赘述，我们只以一幅被称为"划时代的作品"题为《阿维尼翁少女》（1907年）的裸女画为例予以说明。

《阿维尼翁少女》仅从选材来说，承继于西方绘画史上女裸体这个极为重要和古老的样式，但是在实质上，这幅画却对这一样式的"优美"传统发出了致命的一击，它那狂野怪异的形态，有力地喊出了一种新的艺术追求："让风雅灭绝吧！"

在近似完全正方的大画面上，出现了个超过真人大小的裸体姑娘，她们挤在前景上（严格地说，这幅画并无什么空间深度），仿佛要闯出画面一般。她们的形体好像由一些几何形碎片拼凑起来的，谈不上什么动人的曲线，也没有什么匀称的比例。右边两个人的面孔更背离实情和常规，丑怪得令人害怕，同非洲奇特的面具没多大区别。整个作品，从形象塑造到空间处理，根本无视古典遗训，就像大象进入瓷器店，把一切传统绘画的神圣法则踩得粉碎。但毕加索绝非没有艺术修养的大象，他的貌似"胡来"的处理，是学习和探索的成果，其中蕴含着真正的艺术修养。

我们知道，不断发展、不断变革、不断创新是西方文明进步的不可或缺的条件，它的美术的轨迹也证明了这一点。19世纪末期，反再现性美术传统和古典风范的精神日盛，那些长久受到西方人忽视的异域异质美术，在寻求推翻压在身上的传统规范的革新者这里，获得了热烈的欢迎，给他们提供了精神上的帮助和形式上的启迪。

《阿维尼翁少女》刚出现时，就连毕加索那些最为前卫的朋友也有些难以接受，但是它的影响不知不觉扩展开去。今天，这幅迎合了新审美要求和趣味的作品，已是现代主义公认的少数经典中的经典之一。美术史书，通常把它诞生的时期当作"立体主义"出现的标志。

有一位毕加索的传记作家，曾经用"光荣与孤独"来概括他生活的最后阶段，这一概括不无道理。因为正是他的"光荣与孤独"的与众不同，才使他从20世纪50年代中期到70年代初期，始终享受着世人的崇敬，几乎被奉为神一般的人物。另一方面，他日益回到自我的天地，沉醉于随心所欲的创作中，跟风赞美他的许多人，并不能真正与他的心灵沟通。尽管受着种种家庭纠纷的缠扰，尽管身体状况也不如以前，可他的创作活动仍丰富多彩，并且带上了更多"游戏"的色彩，仍然表现着这位艺术家的"与众不同"。

在毕加索的一生中，还有一件值得我们再次大书特书一笔的事情。晚年的毕加索所处的时代，正是两大阵营对抗的时代，但他却能凌越苏美之间的纷争，在全世界获得承认。1962年，苏联政府第二次授予他"列宁和平奖金"（第一次是在1950年），纽约现代美术馆则为他举办庆贺八十大寿的展览。发生在同一年的这两件事，标志着"冷战"双方都把手伸向了这位20世纪艺坛的巨人。1971年秋，为庆祝他的九十寿辰，法国为这位大艺术家举办了一个难得的庆祝会，蓬皮杜总统亲临罗浮宫，为展出的8幅毕加索作品剪彩。

从毕加索的《阿维尼翁少女》和他晚年受到两个不同阵营的共同尊重这件事，我们可以清楚地看出，一位艺术家，正是由于卓尔不群，由于与众不同的创新思维，才达到了一位杰出艺术家所能达到的高度！

大多数人都在一个平面上行走，久而久之就成了一种习惯，沿袭这个习惯的人就成了凡人，而打破这个习惯的人就成了杰出人士。杰出人士往往善于在发展的平面上找到一个突破口。

对于一个立志成就一番事业，做一位杰出人士的人来说，通过不断发明创造、改进技术和开发新产品等方法来获得竞争主动权，想别人所没想，做别人所未做的事是非常重要的。"奇"的行动是别人未料到的行为，"奇"的计谋是别人还未意识到计谋。

一个杰出的人必须突破人们的思维常规，反常用计，在"奇"字上下功夫，拿出出奇的经营招数，赢得出奇的效果。

亨利·兰德平日非常喜欢为女儿拍照，而每一次女儿都想立刻看到父亲为她拍摄的照片。于是有一次他就告诉女儿，照片必须全部拍完，等底片卷回，从照相机里拿下来后，再送到暗房用特殊的药品显影。而且，负片完成之后，还要照射强光使之映在别的相纸上面，同时必须再经过药品处理，一张照片才算完成，他向女儿做说明的同时，内心却问自己："等等，难道没有可能制造出'同时显影'的照相机吗？"对摄影稍有常识的人，听了他的想法后都异口同声地说："哪儿会有可能？"并列举一打以上的理由说："简直是一个异想天开的梦。"但他却没有因受此批评而退缩，于是他告诉女儿的话就成为一种契机。最后，他终于不畏艰难地完成了"拍立得相机"。这种相机的作用完全依照女儿的希望，因而，兰德企业就此诞生了。

"拍立得"相机正式投产后，发明者如何宣传和推销这种新式相机呢？经过慎重考虑，兰德请来了当时美国颇有名望的推销专家——霍拉·布茨。布茨一见"拍立得"顿生好感，欣然受命担任专门负责营销的经理。

迈阿密海滨是美国的旅游胜地，每年来此度假的游客成千上万。精明的布茨认为这里是理想的推销场所，他专门雇用了一些泳技高超、线条优美的妙龄女郎，在海滨浴场游泳时假装不慎落水，然后再由特意安排的救生员将其救起，惊心动魄的场面引来了许多围观的游客，这时，"拍立得"相机立刻大显身手，眨眼工夫，一张张记录当时精彩场面的抢拍照片展现在人们面前，令见者惊讶不已，推销员便趁机推销这种相机。就这样"拍立得"相机迅速由迈阿密走向全国，成了市场的热门商品畅销不衰。公司因此生意兴隆，声名大振。